Das Wissensquiz

Das Wissensquiz

Wissenschaft und Technik

300 spannende Fragen und noch mehr Antworten

MOEWIG

Alle Informationen (insbesondere die Antworten) in diesem Buch wurden von uns mit größtmöglicher Sorgfalt zusammengestellt und auf ihre Richtigkeit geprüft. Wir übernehmen aber keine Haftung oder Gewährleistung für die Richtigkeit und Vollständigkeit dieser Informationen. Haftungsansprüche gegen den Autor sowie gegen den Verlag, welche sich auf Schäden materieller oder ideeller Art beziehen, die durch die Nutzung oder Nichtnutzung der dargebotenen Informationen bzw. durch die Nutzung fehlerhafter und unvollständiger Informationen verursacht wurden, sind grundsätzlich ausgeschlossen, sofern seitens des Autors bzw. des Verlages kein vorsätzliches oder grob fahrlässiges Verschulden vorliegt.

www.moewig.de

Text: Willfried Baatz
Redaktion, Layout und Satz: alpha & bet VERLAGSSERVICE, München

Originalausgabe

Umschlagabbildung: Corbis, Stapleton Collection, Düsseldorf
Printed in Germany
ISBN: 978-3-927801-30-1

Inhalt

Vorwort

Das Wissen der Menschheit vervielfacht sich täglich, und das Tempo des Erkenntniszuwachses nimmt rasant zu. Schon lange hat der Einzelne den Überblick in dieser Informationsflut verloren. Doch je mehr Wissenschaft und Technik Einfluss auf unser Leben ausüben, es sogar zunehmend prägen, desto wichtiger ist es, mehr darüber zu wissen. Eine gute Allgemeinbildung auf diesen sehr vielgestaltigen Wissensgebieten ist nicht einfach schmückendes Beiwerk, sondern erlaubt es jedem, im Alltag mitreden und mitentscheiden zu können und auch bei kniffligen Fragestellungen auf eine solide Substanz an Kenntnissen zurückzugreifen.

Schon vor längerer Zeit hat der amerikanische Zukunftsforscher John Naisbitt darauf hingewiesen, dass Wissen über den aktuellen Stand von Forschung und Technik viel mehr ist als nur das Anhäufen reiner Information, die man sich notfalls aus dem Internet abrufen kann. Zwar sind Informationen die ersten unumgänglichen Bausteine für das Begreifen komplizierter Zusammenhänge. Wenn sich diese einzelnen Puzzleteile aber dann zu einem komplexen Gebilde an substanziellem Wissen auf diesem Gebiet zusammenfügen, fällt es leichter, manche Rätsel unserer Welt zu ergründen und zu verstehen.

Einen soliden Wissensstand kann man sich auf verschiedene Weise aneignen. Die Aneignung kann auch Spaß machen, wenn sie, wie hier, durch kurzweilige Quizfragen erfolgt, die zu den verschiedenen Bereichen von Wissenschaft und Technik aus Vergangenheit und Gegenwart gestellt und natürlich auch beantwortet werden. Die informativen und gut verständlichen Antworten sollen dazu beitragen, Erkenntnisse ganz unterschiedlicher Wissenschaftsdisziplinen besser verstehen und einordnen zu können.

Frage

1

Wer führte den Begriff organische Chemie ein?

- *Justus von Liebig*
- *Jöns Jakob Berzelius*
- *Hermann Emil Fischer*

2

Wie bezeichnet man einen chemischen oder physikalischen Prozess, bei dem Wärme entsteht?

- *endotherm*
- *poikilotherm*
- *exotherm*

3

Welches der genannten chemischen Elemente ist nicht nach einem geografischen Ort benannt?

- *Hassium*
- *Rhenium*
- *Meitnerium*

4

Welches dieser chemischen Elemente wurde bisher als Letztes entdeckt?

- *Polonium*
- *Roentgenium*
- *Ununoctium*

Antwort

1

Der schwedische Chemiker ***Jöns Jakob Berzelius*** führte 1806 den Begriff organische Chemie ein. Er gilt als Begründer der modernen Chemie und entwickelte die heute noch gebräuchliche chemische Zeichensprache. ***Justus von Liebig*** erfand u. a. den Mineraldünger und war Wegbereiter der Lebensmittelchemie. Der Chemie-Nobelpreisträger von 1902, ***Hermann Emil Fischer,*** wird als Begründer der modernen Biochemie angesehen.

2

Bei ***exothermen Prozessen*** entsteht Wärme, und Energie wird abgegeben – so etwa bei Verbrennungen. Bei ***endothermen*** Prozessen wird Energie von außen aufgenommen. ***Poikilotherm*** oder wechselwarm sind Tiere, deren Körpertemperatur nicht konstant ist und weitgehend der Außentemperatur entspricht. Dies trifft für alle Tiere zu mit Ausnahme der Vögel und Säugetiere.

3

Das kurzlebige radioaktive Metall ***Meitnerium*** (Mt) ist nach der österreichisch-schwedischen Physikerin und Mathematikerin Lise Meitner benannt. Das überschwere Transuran ***Hassium*** (Hs) erhielt nach dem Bundesland Hessen, wo es 1984 erzeugt wurde, seinen Namen. Das chemische Element ***Rhenium*** (Re) wurde nach der Heimat seiner drei Entdecker, dem Rheinland, benannt.

4

Ununoctium (Uuo) mit der Ordnungszahl 118 wurde 2006 nachweisbar künstlich erzeugt und ist das bisher schwerste bekannte Element. Das chemische Element mit der Ordnungszahl 111 erhielt im Jahr 2006 offiziell den Namen ***Roentgenium*** (Rg) nach Wilhelm Conrad Röntgen. ***Polonium*** (Po) wurde schon 1898 vom Ehepaar Marie und Pierre Curie entdeckt.

Frage

5

Welches der genannten Gase ist kein Edelgas?

- *Xenon*
- *Helium*
- *Butan*

6

Wozu verwendet man das sogenannte Königswasser?

- *als Moderator in Schwerwasser-reaktoren*
- *zum Lösen von Gold*
- *als Zusatz in Akkumulatoren*

7

Wozu wird das Mineral Sepiolith häufig verarbeitet?

- *Bleistiftminen*
- *Tabakspfeifen*
- *Kunstgegen-ständen*

8

Welches war die erste vollsynthetische Faser?

- *Nylon*
- *Perlon*
- *Dederon*

Antwort

5

Butan ist ein Flüssiggas, das bei der Erdöldestillation anfällt und sowohl in Erdöl als auch in Erdgas vorkommt. Es wird als Brenngas, aber auch als Treibgas in Sprays sowie als Kältemittel in Kühlschränken verwendet. ***Xenon*** (Xe) und ***Helium*** (He) gehören zu den Elementen der 8. Hauptgruppe des Periodensystems, die auch als Edelgase bezeichnet werden.

6

Königswasser, eine Mischung aus Salpeter- und Salzsäure im Verhältnis 3:1, ist in der Lage, sogar das „königliche" Edelmetall ***Gold zu lösen.*** Daher erhielt es seinen Namen (lat.: aqua regis). Durch schweres Wasser (Deuteriumoxid D_2O) als ***Moderator in Schwerwasserreaktoren*** ist es möglich, Natururan ohne Anreicherung direkt als Brennstoff einzusetzen. Als ***Zusatz in Akkumulatoren*** wird destilliertes Wasser verwendet.

7

Das weiße bis gelbliche Tonmineral Sepiolith oder Meerschaum ist neben Bruyère eines der bekanntesten Materialien für ***Tabakspfeifen.*** ***Bleistiftminen*** werden häufig aus Grafit, einer weichen mineralischen Form des Kohlenstoffs, hergestellt. Aus dem hauptsächlich aus dem Magnesium-Silikat-Talk bestehenden Speckstein werden ***Kunstgegenstände*** geschnitten.

8

Die erste vollsynthetische Seide aus Polyamid wurde 1935 von dem Chemiker Wallace Hume Carothers für die amerikanische Firma DuPont entwickelt und kam unter dem Namen ***Nylon*** 1939 auf den Markt. Fast zeitgleich entwickelte die deutsche I. G. Farben eine Kunstfaser mit dem Markennamen ***Perlon.*** In der DDR wurde später eine fast identische Faser unter dem Namen ***Dederon*** hergestellt.

Frage

9

Welches Material wurde ursprünglich in der Raumfahrt eingesetzt?

- *Teflon*
- *Gore-Tex*
- *Mylar*

10

Welche Bestandteile moderner Waschmittel schaden stark der Umwelt?

- *Tenside*
- *Phosphate*
- *Zeolithe*

11

Auf wen geht die Entwicklung des Periodensystems der Elemente zurück?

- *Lothar Meyer*
- *Dimitri Iwanowitsch Mendelejew*
- *John Alexander Reina Newlands*

12

Welcher Kunststoff gehört nicht zu den Thermoplasten?

- *PVC*
- *Teflon*
- *Bakelit*

Antwort

9

Die Wärmestrahlen reflektierende, extrem dünne Rettungsdecke besteht aus ***Mylar,*** einer Polyesterfolie, die zuerst bei Weltraummissionen Verwendung fand. ***Teflon*** wurde schon 1938 von Roy Plunkett entdeckt. Die von dem Amerikaner Bob Gore 1969 entwickelte wasserfeste Membran ***Gore-Tex*** wird in der Bekleidungsindustrie und in der Medizin eingesetzt. Auch Raumanzüge werden aus Gore-Tex-Fasern hergestellt.

10

Phosphate sind zwar nicht giftig, tragen aber zur Eutrophierung (Nährstoffüberlastung) der Gewässer bei, denn sie beschleunigen das Wachstum von Algen und tierischem Plankton, was zur Sauerstoffabnahme im Wasser führt. ***Tenside*** setzen die Oberflächenspannung des Wassers herab. Sie sind biologisch bis zu 90 % abbaubar. ***Zeolithe*** dienen als Wasserenthärter und schädigen weder Umwelt noch Gesundheit.

11

Schon 1863 hatte ***John Newlands*** eine nach Atommassen geordnete Tabelle der Elemente in Achtergruppen (Gesetz der Oktaven) aufgestellt. 1869 gelang es zeitgleich, aber unabhängig voneinander, ***Julius Lothar Meyer*** aus Breslau und ***Dimitri Iwanowitsch Mendelejew*** aus St. Petersburg, alle chemischen Elemente in einem vollständigen System zu vereinen.

12

Das 1908 durch Leo Baekeland erfundene ***Bakelit*** zählt zu den Duroplasten, also zu der Gruppe von Kunststoffen, die nach ihrer Aushärtung nicht mehr verformt werden können. ***PVC*** (Polyvinylchlorid) und ***Teflon*** (Polytetrafluorethylen) gehören zu den Thermoplasten, d. h. zu den Kunststoffen, die sich wiederholt verformen lassen.

Frage

13

Welches Alltagsprodukt verbirgt sich hinter der Formel $CaSO_4$?

- *Essig*
- *Tafelkreide*
- *Kochsalz*

14

Welcher dieser Stoffe ist kein Erdölderivat?

- *Styrol*
- *Ethylen*
- *Dural*

15

Welcher Schmuckedelstein besteht aus reinem Kohlenstoff?

- *Rubin*
- *Diamant*
- *Topas*

16

Wie heißt der erste synthetisch hergestellte Farbstoff?

- *Alizarin*
- *Mauvein*
- *Cochinelle*

Antwort

13

Hinter der Formel $CaSO_4$ (Calciumsulfat) verbirgt sich die gewöhnliche **Tafelkreide.** ***Kochsalz*** hat die Formel NaCl (Natriumchlorid) und die ***Essigsäure*** C_2H_5COOH hat den Trivialnamen Essig.

14

Dural ist eine vor allem im Flugzeugbau verwendete widerstandsfähige und besonders leichte Aluminiumlegierung mit Kupfer, Magnesium und Mangan. ***Ethylen*** ist ein farbloses brennbares Gas, das zur Herstellung von Polyethylen und PVC dient. Aus der farblosen Flüssigkeit ***Styrol*** werden künstlicher Kautschuk, Harze und Kunststoffe, wie Polystyrol, erzeugt.

15

Der **Diamant** ist ein aus reinem Kohlenstoff bestehendes kubisches Mineral und der härteste natürliche Stoff. Der ***Rubin*** ist ebenso wie der Saphir eine Varietät des Minerals Korund und chemisch gesehen Aluminiumoxid. Der ***Topas,*** auch Schneckenstein genannt, ist ein Aluminiumsilikat.

16

Beim Versuch des britischen Chemikers William Henry Perkin, Chinin zu synthetisieren, entdeckte er 1856 zufällig das kräftig violette **Mauvein**, den ersten künstlichen Anilinfarbstoff. ***Alizarin*** ist ein natürlicher roter Farbstoff aus den Wurzeln des Färberkrapps, der inzwischen auch künstlich erzeugt werden kann. ***Cochenille*** ist ein Pulver aus getrockneten und zermahlenen Weibchen der Cochenille-Schildlaus, aus dem der rote Farbstoff Karmin gewonnen wird.

Frage

17

Welche Gruppe der Kohlenwasserstoffe werden als Paraffine bezeichnet?

- *Alkene*
- *Alkine*
- *Alkane*

18

Aus welchem Material besteht Email?

- *Metall*
- *Glas*
- *Keramik*

19

Was verbirgt sich hinter dem Begriff Eau de Javel?

- *ein Parfüm*
- *ein Bleichmittel*
- *eine Schnapssorte*

20

Wie werden chemische Elemente mit der gleichen Ordnungszahl, aber unterschiedlichen Massezahlen genannt?

- *Ionen*
- *Isotope*
- *Isomere*

Antwort

17

Als Paraffine und ***Alkane*** werden gesättigte aliphatische Kohlenwasserstoffe der Summenformel C_nH_{2n+2} bezeichnet. ***Alkene*** oder Olefine sind ungesättigte aliphatische Kohlenwasserstoffe mit einer Doppelbindung und der Summenformel C_nH_{2n}. ***Alkine*** oder Acetylene sind ungesättigte aliphatische Kohlenwasserstoffe der Summenformel C_nH_{2n-2} mit einer Kohlenstoff-Dreifachbindung.

18

Zur Herstellung von Email werden ***Glasstücke*** pulverisiert und entweder als geschlämmter Glasbrei oder in trockenem Zustand, mit Hilfsmitteln versetzt, auf ein Trägermaterial, wie ***Metall,*** gegeben und bei einer Temperatur von 750 bis 900 °C eingebrannt. Mit Emailfarben (Schmelzfarben) kann auch ***Keramik*** bemalt werden.

19

Eau de Javel oder Javelwasser ist eine wässrige Lösung von Kaliumhypochlorit oder auch eine wässrige Natriumhypochloritlösung und war 1792 das erste chemische ***Bleichmittel.*** Eau de vie ist die französische Bezeichnung für aus Obst oder aus Weintrester gebrannte ***Schnäpse,*** und Eau de Cologne bezeichnet ***Parfüms*** mit einem Anteil von mindestens 70 % Alkohol und einem Anteil von 2–6 % Parfümöl.

20

Isotope sind physikalisch verschiedene Atomkerne eines chemischen Elements mit gleicher Ordnungszahl, aber verschiedenen Massezahlen. ***Ionen*** sind durch Abgabe oder Aufnahme von Elektronen elektrisch positiv oder negativ geladene Atome oder Moleküle. ***Isomere*** sind chemische Verbindungen, die gleiche Atome enthalten, jedoch in unterschiedlicher Anordnung. Daraus resultieren verschiedene Eigenschaften der Verbindungen.

Frage

21

Welches Mineral trägt die volkstümliche Bezeichnung Katzengold?

- *Cinnabarit*
- *Pyrit*
- *Galenit*

22

Welches der genannten Materialien ist kein Naturprodukt, sondern wird synthetisch hergestellt?

- *Abaca*
- *Melamin*
- *Kenaf*

23

Was ist ein Bucky Ball?

- *geometrische Form*
- *Dachkonstruktion*
- *Fulleren*

24

Wie bezeichnet man die Spaltung einer Verbindung durch Wärmeenergie?

- *Elektrolyse*
- *Hydrolyse*
- *Thermolyse*

Antwort

21

Das Mineral ***Pyrit*** wird umgangssprachlich wegen seines metallischen Glanzes Katzengold oder Narrengold genannt. Es enthält tatsächlich kleine Mengen an Gold. ***Cinnabarit*** gehört zu den Sulfiden und ist unter der Bezeichnung Zinnober geläufig. Das Mineral ***Galenit*** ist das wichtigste Bleierz und als Bleiglanz bekannt.

22

Melamin ist ein aus Formaldehyd und Melaminharz hergestellter Kunststoff von großer Härte und Klarheit und hervorragenden elektrischen Eigenschaften. ***Abaca*** oder Manilahanf ist die festeste bekannte Pflanzenfaser. ***Kenaf*** ist eine Faserpflanze aus der Hibiscus-Familie und gleichzeitig der Name ihrer Fasern, die zur Papier- und Gewebeherstellung dienen.

23

Der Bucky Ball oder das Buckminster-Fulleren (C_{60}) ist ein sphärisches, symmetrisch aufgebautes Molekül aus Kohlenstoffatomen mit der Struktur eines Fußballs. Es ist das am besten erforschte ***Fulleren*** (die dritte Kohlenstoffmodifikation neben Diamant und Grafit) und erhielt seinen Namen nach dem amerikanischen Architekten Richard Buckminster Fuller, der in den 1950er-Jahren ***Kuppeldachkonstruktionen*** mit ähnlicher Struktur entwickelte. Diese Dächer setzten sich aus ***geometrischen Formen,*** wie Tetraedern oder Oktaedern, zusammen.

24

Bei der ***Thermolyse*** handelt es sich um eine chemische Reaktion, bei der ein Ausgangsstoff durch Wärmeenergie gespalten wird. Bei der ***Elektrolyse*** wird ein gelöster oder geschmolzener Stoff durch Einwirkung von elektrischem Strom umgewandelt, und die ***Hydrolyse*** ist die Spaltung einer chemischen Verbindung durch Wasser.

Frage

25

Wie lautet die chemische Bezeichnung der Substanz, die unter dem Namen Neopren geläufig ist?

- *Polyethylen-terephthalat*
- *Polychloropren*
- *Polyamid*

26

Welches Gift verbirgt sich hinter der Bezeichnung Cyanwasserstoff?

- *Blausäure*
- *Zyankali*
- *Strychnin*

27

Welcher dieser Alkohole wird als Kraftstoff eingesetzt?

- *Ethanol*
- *Glycerin*
- *Glycol*

28

Welches Metall wird durch Verhütten von Magnetit und Hämatit gewonnen?

- *Eisen*
- *Messing*
- *Pewter*

Antwort

25

Neopren ist der Handelsname eines Synthetikkautschuks mit dem Namen ***Polychloropren.*** 1930 entdeckte der Amerikaner Wallace Hume Carothers diesen Stoff. Er synthetisierte auch das erste Polyester, Grundlage vieler Kunststoffe, wie das ***Polyethylenterephthalat,*** das z. B. für Flaschen und Verpackungen verarbeitet wird. 1934 entdeckte er bei Versuchen mit ***Polyamiden*** das Nylon.

26

Die nach Bittermandeln riechende, farblose bis leicht gelbliche Flüssigkeit mit der chemischen Bezeichnung Cyanwasserstoff (HCN) wird umgangssprachlich als ***Blausäure*** bezeichnet. ***Strychnin*** ist ein äußerst giftiges Alkaloid, das in den Wurzeln der Brechnuss vorkommt, und das ebenfalls hochgiftige ***Zyankali*** (chemisch: Kaliumcyanid = KCN) ist das Kaliumsalz der Blausäure.

27

Ethanol kann als Bioethanol ganz aus regenerativer Biomasse hergestellt werden und wird herkömmlichen Kraftstoffen beigemischt oder rein als Treibstoff verwendet. ***Glycerin*** ist ein dreiwertiger Alkohol und findet sich in Kosmetika, dient aber auch als Schmierstoff und Weichmacher. ***Glycol*** ist ein zweiwertiger Alkohol und wird als Zusatz für Frostschutzmittel und Enteiser gebraucht.

28

Magnetit und Hämatit sind zwei der wichtigsten Eisenerze, aus denen das Metall ***Eisen*** gewonnen wird. Magnetit hat mit 72 % den höchsten Eisengehalt, Hämatit hat 70 %. ***Pewter*** oder Hartzinn ist ein Sammelbegriff für Hartzinnlegierungen, die zu 85–96 % aus Zinn und zum Rest aus Kupfer und / oder Blei bestehen und für Hausgeräte oder auch für Stanniol verwendet werden. ***Messing*** ist eine goldfarbene Legierung aus Kupfer und Zink.

Frage

29

Welches Material ist kein Elastomer?

- *Kautschuk*
- *Neopren*
- *Acrylglas*

30

Welches dieser Minerale ist nach der zehnteiligen Härteskala, die Friedrich Mohs um 1812 entwickelt hat, das härteste?

- *Talk*
- *Topas*
- *Mangan*

31

Welcher Aromastoff wird auch synthetisch aus einem Abfallprodukt der Papierherstellung gewonnen?

- *Koffein*
- *Chinin*
- *Vanillin*

32

Welches Gas enthält eine orangerot leuchtende Leuchtstoffröhre?

- *Neon*
- *Krypton*
- *Argon*

Antwort

29

Acrylglas oder Polymethylmethacrylat (PMMA) ist ein klarer Kunststoff von hoher Härte und Steifigkeit und findet vielfache Verwendung, besonders als leichter Ersatz von Glas. ***Kautschuk*** und ***Neopren*** zählen zu den Elastomeren, also zu den elastischen Materialien, die nach Dehnung oder Verformung wieder ihre ursprüngliche Form und Größe annehmen.

30

Der Edelstein **Topas** ist mit einer Mohsschen Härte von 8 das härteste der hier genannten Minerale. ***Mangan*** hat die mittlere Härte 5 und kann gerade noch mit dem Messer geritzt werden. Das Mineral ***Talk*** hat den geringsten Härtegrad von 1 und kann noch mit dem Fingernagel geschabt werden.

31

Ein Großteil des künstlich hergestellten **Vanillins** wird aus den bei der Papierherstellung anfallenden Sulfidabfällen erzeugt. ***Koffein*** wird aus Kaffeebohnen oder Teeblättern extrahiert, kann aber auch aus Chloressigsäure und Harnstoff synthetisiert werden. ***Chinin*** wird entweder natürlich aus der Chinarinde gewonnen oder synthetisch hergestellt.

32

Leuchtstoffröhren, die mit **Neon** gefüllt sind, erzeugen ein orangerotes Licht. Eine mit ***Krypton*** gefüllte Röhre gibt weißes Licht und eine mit ***Argon*** gefüllte Leuchtröhre produziert ein Ultraviolett, das noch intensiver wird, wenn dem Argon Quecksilber zugesetzt wird.

Frage

1

Was wird mit einem Hygrometer gemessen?

- *Luftfeuchtigkeit*
- *Strahlendosis*
- *Flüssigkeitsdruck*

2

Wie wird die Strahlung bezeichnet, die entsteht, wenn sich geladene Teilchen in Materie schneller als das Licht bewegen?

- *Gammastrahlung*
- *Infrarotstrahlung*
- *Tscherenkowstrahlung*

3

Welches sind nach derzeitigem Erkenntnisstand die kleinsten Teilchen des Universums?

- *Quarks*
- *Atome*
- *Neutrinos*

4

Wer schuf mit der Theorie der induzierten Lichtemission die Grundlagen für den Laser?

- *Charles Hard Townes*
- *Albert Einstein*
- *Theodore Maiman*

Antwort

1

Mit einem Hygrometer wird der Wasserdampfgehalt in der Luft, d. h. die ***Luftfeuchtigkeit*** gemessen. Der physikalische ***Druck von Flüssigkeiten*** oder Gasen wird mit dem Manometer gemessen. Mit einem Dosimeter wird im Rahmen des Strahlenschutzes die ***Strahlendosis*** festgestellt.

2

Dass Licht die höchste Geschwindigkeit hat, gilt nur im Vakuum. In Materie können sich geladene Teilchen schneller bewegen als das Licht. Sie erzeugen dabei die ***Tscherenkowstrahlung,*** und es entsteht ein Überlichtkegel (eine Art optischer Überschallknall). Die ***Gammastrahlung*** ist Teil der elektromagnetischen Strahlung mit sehr kurzer Wellenlänge. ***Infrarotstrahlung*** ist der unsichtbare Teil des elektromagnetischen Spektrums, der sich an den langwelligen Anteil des sichtbaren Lichts anschließt.

3

Als die kleinsten Teilchen des Universums gelten derzeit die ***Neutrinos,*** die, wie auch die Elektronen, zu den Leptonen zählen. Die andere Gruppe der „eigentlichen" Elementarteilchen bilden die ***Quarks. Atome*** sind die kleinsten, chemisch nicht weiter teilbaren Bausteine eines Elements und wurden lange für die kleinsten Bausteine des Universums gehalten. Sie bestehen aber aus noch kleineren Teilchen, den Protonen, Elektronen und Neutronen.

4

Albert Einstein schuf mit seiner Theorie der induzierten Lichtemission die theoretische Voraussetzung für die Entwicklung des Lasers. Der Amerikaner ***Charles Hard Townes*** schuf 1954 den Maser, eine dem Laser entsprechende Strahlungsquelle für den Mikrowellenbereich. Im Jahr 1960 baute der amerikanische Physiker ***Theodore Maiman*** den ersten Laser mit einem Rubin als Medium.

Frage

5

Welchen berühmten Physiker kann man auf dem Pink-Floyd-Album „The Division Bell" hören?

- *Richard Phillips Feynman*
- *Murray Gell-Mann*
- *Stephen Hawking*

6

Welcher Begriff bezeichnet in der Atomphysik eine Kernspaltung?

- *Fission*
- *Fusion*
- *Transmutation*

7

In welchem Frequenzbereich (gemessen in Hertz Hz) bewegen sich Mikrowellen?

- *300 PHz–30 EHz*
- *385–790 THz*
- *3000 MHz–300 GHz*

8

Womit beschäftigt sich die Stringtheorie?

- *mit Elementarteilchen*
- *mit dem Verhältnis von Raum und Zeit*
- *mit Gesetzmäßigkeiten in unregelmäßigen Mustern*

Antwort

5

Auf dem Pink-Floyd-Album kann man ***Stephen Hawking*** hören. Er spricht mit Unterstützung eines Sprachcomputers die einleitenden Worte zu dem Titel „Keep Talking". ***Murray Gell-Mann*** ist zwar weit weniger bekannt, zählt aber mit seiner Klassifizierung der Elementarteilchen zu den bedeutendsten Physikern des 20. Jahrhunderts. ***Richard Feynman*** gilt als der Vater der Nanotechnologie.

6

Bei der ***Kernfission*** wird der Kern eines Atoms unter Energiefreisetzung in zwei oder mehrere Fragmente aufgespalten. Bei einer ***Kernfusion*** werden hingegen zwei Atomkerne zu einem neuen Kern „verschmolzen". Bei der ***Transmutation*** werden langlebige, stark toxische Radionukleide, etwa aus Kernreaktoren (z. B. Plutonium), in kurzlebigere, weniger toxische Nukleide umgewandelt.

7

Mikrowellen sind elektromagnetische Wellen mit einem Frequenzbereich von ***3000 MHz – 300 GHz.*** Anwendungsbereiche sind Mobiltelefone oder das Radar. Röntgenstrahlen, die in der Medizin oder in der Materialphysik eingesetzt werden, sind elektromagnetische Strahlen mit einem Frequenzbereich von ***300 PHz – 30 EHz***. Das sichtbare Licht hat einen Frequenzbereich von ***385 – 790 THz.***

8

Nach Stephen Hawking sind Strings fundamentale, vibrierende, eindimensionale Objekte, und die Stringtheorie ist ein hypothetisches physikalisches Modell, in der ***Teilchen*** als Schwingungszustände von Strings beschrieben werden. Die Chaostheorie beschäftigt sich mit dem Aufspüren von ***Gesetzmäßigkeiten in scheinbar unregelmäßigen Mustern.*** Die Allgemeine Relativitätstheorie ist die Theorie vom ***Verhältnis von Materie, Raum und Zeit.***

Frage

9

Welches Gesetz beschreibt den Zusammenhang zwischen Kraft und Strom?

- *Boyle-Mariottesches Gesetz*
- *Faradaysche Gesetze*
- *Regel von Lenz*

10

Welches der drei genannten Metalle hat den höchsten Schmelzpunkt?

- *Quecksilber*
- *Wolfram*
- *Osmium*

11

Bei welcher Temperaturskala war der Gefrierpunkt ursprünglich bei 100°, der Siedepunkt bei 0° festgelegt?

- *Fahrenheit-Skala*
- *Celsius-Skala*
- *Kelvin-Skala*

12

Welche der drei genannten Einheiten ist eine gesetzlich gültige Einheit?

- *Festmeter (fm)*
- *Doppelzentner (dz)*
- *Elektronenvolt (eV)*

Antwort

9

Die 1834 aufgestellte ***Regel von Heinrich Lenz*** besagt, dass ein induzierter elektrischer Strom immer so gerichtet ist, dass er der Ursache seiner Entstehung entgegenwirkt. Das ***Boyle-Mariottesche Gesetz*** beschreibt den Zusammenhang von Druck, Volumen und Temperatur in idealen Gasen. Die ***Faradayschen Gesetze*** formulieren den Zusammenhang zwischen Ladung und Stoffumsatz bei der Elektrolyse.

10

Das chemische Element ***Wolfram*** (W) hat von allen reinen Metallen den höchsten Schmelz- (3422 °C) und Siedepunkt (5555 °C). ***Quecksilber*** (Hg) ist das einzige Metall, das bei Normalbedingungen flüssig ist. Es hat einen Schmelzpunkt von –38,83 °C. Das Übergangsmetall ***Osmium*** (Os) ist mit 22 610 kg/m³ das dichteste Metall.

11

Der schwedische Astronom Anders ***Celsius*** definierte 1742 die nach ihm benannte Temperatureinteilung. Ein Grad ist hier als der 100ste Teil der Temperaturdifferenz zwischen Gefrier- und Siedepunkt des Wassers festgelegt. Celsius bezeichnete die Temperatur des Gefrierpunkts mit 100 °C und die des Siedepunkts mit 0 °C, was durch Carl von Linné umdefiniert wurde. Die angloamerikanische Temperaturskala ***Farenheit*** (F) ist nach dem Physiker Daniel Gabriel Farenheit benannt. Der Erfinder der ***Kelvin-Skala*** war 1848 der Brite Lord Kelvin.

12

Elektronenvolt (eV) ist eine gesetzliche Einheit der Energie und wird in der Teilchenphysik benutzt. ***Doppelzentner*** (dz) ist eine alte Gewichtseinheit und wurde durch Kilogramm ersetzt. ***Festmeter*** (fm) ist eine alte Angabe für das Volumen von Holz und wurde durch Kubikmeter ersetzt.

Frage

13

Welche dieser Maßangaben ist kein metrisches Maß?

- *Ar*
- *Dutzend*
- *Ångström*

14

Wie nennt man die Frequenzänderung von Licht- und Schallwellen bei Relativbewegungen zwischen der Quelle und dem Beobachter?

- *Doppler-Effekt*
- *Mößbauer-Effekt*
- *Hubble-Effekt*

15

Wie wird die Beugung von Licht- und Schallwellen an den Rändern von Hindernissen bezeichnet?

- *Diffusion*
- *Dispersion*
- *Diffraktion*

16

Welches Gesetz beschreibt die Ausbreitung von Lichtwellen?

- *Huygenssches Prinzip*
- *Maxwellschen Gleichungen*
- *Grahamsches Gesetz*

Antwort

13

Dutzend ist ein altes Zählmaß und bedeutet 12 Stück. ***Ar*** ist ein metrisches Flächenmaß und entspricht 100 m^2. ***Ångström*** (Å) ist eine Längenangabe in der Kristallografie und Mikroskopie (1 Å = $10^{-10\,m}$ = 100 pm), wurde aber durch die Angabe Meter (m) ersetzt.

14

Der **Doppler-Effekt** ist die Veränderung einer Frequenz bei der Ausbreitung von Wellen, wenn sich Quelle und Beobachter relativ zueinander bewegen. Der ***Hubble-Effekt*** beschreibt das Phänomen der zunehmenden Rotverschiebung von Galaxien in Abhängigkeit von ihrer Entfernung. Der ***Mößbauer-Effekt*** beschreibt die rückstoßfreie Emission oder Absorption von Gammaquanten durch Atomkerne im Kristallgitter eines Festkörpers bei tiefen Temperaturen.

15

Als **Diffraktion** oder Beugung wird die Ablenkung von Wellen an den Rändern von Hindernissen bezeichnet. Die ***Diffusion*** ist die ausgleichende Vermischung von unterschiedlichen Stoffen durch die Wärmebewegung von Molekülen. ***Dispersion*** heißt die Zerlegung des sichtbaren weißen Lichts in seine verschiedenen Wellenlängen.

16

Das **Huygenssche Prinzip** besagt, dass jeder von einem isotopen Medium getroffene Punkt einer Wellenfront als Ausgangspunkt einer kugelförmigen Elementarwelle aufgefasst werden kann. Damit kann Beugung und Brechung von Licht erklärt werden. Das ***Grahamsche Gesetz*** besagt, dass die Diffusionsrate eines Gases umgekehrt proportional zur Quadratwurzel seiner Dichte ist. Die ***Maxwellschen Gleichungen*** beschreiben die Erzeugung elektrischer und magnetischer Felder durch Ladungen und Ströme.

Frage

17

Welche optische Linse hat zwei nach innen gewölbte Flächen?

- *bikonkave Linse*
- *plankonkave Linse*
- *bikonvexe Linse*

18

Wie bezeichnet man das Sparsamkeitsprinzip in der Wissenschaft, nach dem von mehreren Theorien zum gleichen Sachverhalt die einfachste zu bevorzugen ist?

- *Schrödingers Katze*
- *Maxwellscher Dämon*
- *Ockhams Rasiermesser*

19

Wie heißt die Maßeinheit des Drucks?

- *Farad*
- *Pascal*
- *Sievert*

20

Welches populäre Wissenschaftswerk erhielt 1980 den Pulitzer-Preis?

- *„Eine kurze Geschichte der Zeit“*
- *„Gödel, Escher, Bach – ein Endloses Geflochtenes Band“*
- *„Die Doppelhelix“*

Antwort

17

Die ***bikonkave*** Linse ist eine Zerstreuungslinse mit zwei nach innen gewölbten Flächen. Die ***plankonkave*** Linse, ebenfalls eine Zerstreuungslinse, hat eine gerade und eine nach innen gewölbte Fläche. Die ***bikonvexe*** Linse, eine Sammellinse, hat zwei nach außen gewölbte Flächen.

18

Ockhams Rasiermesser heißt die auf Wilhelm von Ockham (1285–1349) zurückgehende Sparsamkeitsregel in der Wissenschaft, nach der von mehreren Theorien, die einen gleichen Sachverhalt erklären, die einfachste zu bevorzugen ist. ***Schrödingers Katze*** ist ein vom Physiker Erwin Schrödinger (1887–1961) vorgeschlagenes Gedankenmodell zur Demonstration der Ungewissheiten in der Quantenmechanik. Der ***Maxwellsche Dämon*** ist ein Gedankenexperiment von James Clerk Maxwell (1831–79) zum Hinterfragen des zweiten Hauptsatzes der Thermodynamik.

19

Die Maßeinheit des Drucks ist das ***Pascal*** (Pa). ***Sievert*** (Sv) ist die Maßeinheit der Äquivalentdosis. Sie ist das Maß für die Strahlenbelastung durch ionisierende Strahlung. ***Farad*** (F) ist die Einheit der elektrischen Kapazität.

20

Das überaus erfolgreiche, 1979 von Douglas R. Hofstadter in den USA veröffentlichte naturwissenschaftlich-philosophische Werk ***„Gödel, Escher, Bach – ein Endloses Geflochtenes Band“*** erhielt 1980 den Pulitzer-Preis. Steven Hawkings 1988 erschienenes Werk ***„Eine kurze Geschichte der Zeit“*** war ebenso ein wissenschaftlicher Bestseller wie das 1968 publizierte Buch von James Watson ***„Die Doppelhelix“*** über die Entdeckung der DNS.

Frage

21

Was wird mit einem Pitotrohr gemessen?

- *Druck*
- *Flüssigkeitsdichte*
- *Steig- und Sinkgeschwindigkeit*

22

Welches naturwissenschaftliche Grundgesetz besagt, dass es unmöglich ist, sowohl Ort als auch Geschwindigkeit eines Teilchens gleichzeitig zu bestimmen?

- *Finagales Gesetz*
- *Newtonsche Axiome*
- *Heisenbergsche Unschärferelation*

23

Wie wird das Antiteilchen eines Elektrons genannt?

- *Proton*
- *Positron*
- *Photon*

24

Welche Grundfarben müssen bei der additiven Farbmischung gemischt werden, um Weiß zu erhalten?

- *Blau und Rot*
- *Grün und Rot*
- *Rot, Blau und Grün*

Antwort

21

Mit dem gerade oder L-förmig ausgebildeten, einseitig offenen Pitotrohr wird der ***Gesamtdruck*** von Flüssigkeiten oder Gasen bestimmt. Wird es mit einer Drucksonde versehen, kann man Geschwindigkeiten messen, z. B. bei Flugzeugen (Staurohr). Zur ***Dichtebestimmung*** von Flüssigkeiten dient ein Aräometer, und ein Variometer misst die ***Steig- und Sinkgeschwindigkeit*** von Luftfahrzeugen.

22

Die von Werner Heisenberg 1927 im Rahmen der Quantenmechanik formulierte ***Heisenbergsche Unschärferelation*** besagt, dass zwei Messgrößen eines Teilchens nicht gleichzeitig exakt zu bestimmen sind. Die ***Newtonschen Axiome*** bilden die Grundlage der klassischen Mechanik. ***Finagales Gesetz*** ist eine Art Lebensweisheit über Fehlerquellen in komplexen Systemen, die feststellt: „Alles was schiefgehen kann, wird auch schiefgehen … es ist nur eine Frage der Zeit."

23

Ein ***Positron*** ist das positiv geladene Antiteilchen eines Elektrons. ***Photonen*** sind die Energiequanten der elektromagnetischen Strahlung, z. B. von Licht, Röntgen- oder Gammastrahlung. ***Protonen*** sind elektrisch positiv geladene Teilchen und gehören neben den Neutronen und den Elektronen zu den Elementarteilchen der Materie.

24

Im Jahr 1827 entdeckte der englische Physiker Ernst Young, dass sich alle Farben aus den drei Grundfarben Rot, Grün und Blau mischen lassen. Diese Farben sind die Grundfarben der additiven Farbmischung. Mischt man ***Rot, Blau und Grün,*** so erhält man Weiß. Werden ***Grün und Rot*** gemischt, erhält man Gelb, und mischt man ***Blau und Rot,*** entsteht Violett.

Frage

25

Welche physikalische Einheit bezieht sich nicht auf das Licht?

- *Mol*
- *Candela*
- *Lumen*

26

Auf welchem thermophysikalischen Vorgang beruht das Gefriertrocknen von Lebensmitteln?

- *Sublimation*
- *Kondensation*
- *Evaporation*

27

Welches der genannten Modelle ist kein Atommodell?

- *Vier-Seiten-Modell*
- *Dynamidenmodell*
- *Orbitalmodell*

28

Hinter welchem dieser Begriffe verbirgt sich kein Teilchenbeschleuniger?

- *Betatron*
- *Zyklotron*
- *Lepton*

Antwort

25

Mol (mol) ist die Einheit für die Stoffmenge. Sie ist wichtig für Mengenangaben bei chemischen Reaktionen. ***Candela*** (cd) ist die fotometrische Einheit der Lichtstärke und ***Lumen*** (lm) die fotometrische Einheit des Lichtstroms.

26

Bei der Gefriertrocknung durch **Sublimation** werden wasserhaltige Produkte tiefgefroren und kommen anschließend in eine Vakuumkammer, wo das eingefrorene Wasser während des gesamten Trocknungsvorgangs unter Einwirkung von Unterdruck nicht mehr flüssig wird und direkt verdampft. ***Kondensation*** ist der Übergang eines Stoffes aus dem gasförmigen in den flüssigen Zustand. Die Verdunstung von Wasser auf unbewachsenem Land oder Wasserflächen wird als ***Evaporation*** bezeichnet.

27

Das **Vier-Seiten-Modell** führt aus, dass jede Nachricht vier Botschaften enthält und wird in der Linguistik, aber auch in der Kommunikationswissenschaft angewandt. Das ***Dynamidenmodell*** von 1903 besagt, dass Atome zum größten Teil aus leerem Raum zwischen kleinen rotierenden Dipoden, den Dynamiden bestehen. Nach dem ***Orbitalmodell*** von 1928 ist ein Atom aus einem Kern, der von Orbitalen umgeben ist, aufgebaut. Die Form der Orbitale ist durch die räumliche Aufenthaltswahrscheinlichkeit der Elektronen bestimmt.

28

Leptonen sind die Klasse von Elementarteilchen, die mit den Quarks und den Eichbosonen die fundamentalen Bausteine der Materie bilden. Das ***Betatron*** ist ein kreisförmiger Teilchenbeschleuniger für Elektronen, bei dem die Elektronen, wie beim ***Zyklotron,*** durch ein Magnetfeld auf einer Kreisbahn gehalten und beschleunigt werden.

Frage

1

Was ist Aufgabe der Palliativmedizin?

- *Ferndiagnostik und -therapie*
- *Krankheitsvorsorge*
- *Linderung unheilbarer Leiden*

2

Welcher Teil des menschlichen Ohrs wandelt die Schallwellen in elektrische Impulse um?

- *Steigbügel*
- *Amboss*
- *Gehörschnecke*

3

Welcher Stoff fehlt dem Körper bei einer Form der Anämie, die die am häufigsten auftretende Mangelkrankheit ist?

- *Vitamin C*
- *Selen*
- *Eisen*

4

Welches Verfahren dient nicht der Konservierung eines Leichnams?

- *Mumifizierung*
- *Skelettierung*
- *Plastination*

Antwort

1

Die Palliativmedizin strebt nicht die Heilung von Patienten mit fortgeschrittener Erkrankung und begrenzter Lebenserwartung an, vielmehr ist die ***Linderung unheilbarer Leiden*** des Patienten ihre Aufgabe. Die ***Präventivmedizin*** beschäftigt sich mit der Krankheitsvorsorge und die ***Telemedizin*** mit der Ferndiagnostik und -therapie.

2

Die mit einer Flüssigkeit gefüllte ***Gehörschnecke*** oder Cochlea im Innenohr wandelt die über das Mittelohr geführten Schallwellen in elektrische Impulse um, die über Nerven ans Gehirn weitergeleitet werden. ***Steigbügel*** und ***Amboss*** sind kleine Gehörknöchelchen im Mittelohr, die zum Schallleitungsapparat gehören. Sie übertragen Schallschwingungen auf die Flüssigkeit im Inneren der Gehörschnecke.

3

Bei der Eisenmangelanämie fehlt dem Körper ***Eisen*** zur Hämoglobinbildung. Der tägliche Bedarf an Eisen liegt bei 12–15 mg. ***Selenmangel*** kann bei hoher körperlicher Belastung auftreten. Er führt zu Immunschwäche und Degeneration von Muskeln und Knochen. Der tägliche Selenbedarf beträgt 30–70 µg. Die Mangelkrankheit Skorbut tritt bei völligem Fehlen von ***Vitamin C*** auf. Die ideale Dosis Vitamin C liegt bei 60 mg pro Tag.

4

Der Begriff ***Skelettierung*** beschreibt in der Gerichtsmedizin den Zustand eines Leichnams. Die ***Plastination*** ist ein Konservierungsverfahren, das bei der anatomischen Präparation von Körpern und Körperteilen angewandt wird. Bei der ***Mumifizierung*** wird ein Leichnam durch Einbalsamierung und Auffüllen der Körperhöhlen mit fäulniswidrigen Substanzen konserviert.

Frage

5

Welche der großen Epidemien gilt nach Angaben der Weltgesundheitsorganisation WHO als besiegt?

- *Cholera*
- *Pocken*
- *Polio*

6

Wie bezeichnet man eine Krankheitswelle, die sich in einem bestimmten Zeitraum über große Gebiete ausbreitet?

- *Pandemie*
- *Epizootie*
- *Endemie*

7

Welche Krankheit zählt nicht zu den Erbkrankheiten?

- *Mukoviszidose*
- *Asthma*
- *Sichelzellenanämie*

8

Was bezeichnet der Begriff Generikum?

- *Altersheilkunde*
- *Nachahmerpräparat*
- *gentechnisch verändertes Lebensmittel*

Antwort

5

Die durch Viren ausgelöste Infektionskrankheit ***Pocken*** gilt laut WHO seit 1980 als besiegt. Die Infektionskrankheit ***Polio,*** oder Kinderlähmung, befindet sich weltweit auf dem Rückzug und ihre Ausrottung wird in den nächsten Jahren angestrebt. Die Durchfallerkrankung ***Cholera*** ist in vielen Gegenden der Welt als Folge schlechter hygienischer Bedingungen noch immer eine Bedrohung.

6

Breitet sich eine Krankheit in einem bestimmten Zeitraum über mehrere Länder, Erdteile oder sogar die ganze Welt aus, so spricht man von einer ***Pandemie.*** Eine ***Endemie*** ist das andauernde gehäufte Auftreten einer Krankheit in einem begrenzten Bereich. Als ***Epizootie*** wird das gehäufte Auftreten einer Krankheit unter Tieren bezeichnet, z. B. die Vogelgrippe.

7

Asthma ist eine chronisch entzündliche Erkrankung der Atemwege und führt zu anfallsartiger Atemnot, ausgelöst durch die Verengung der Atemwege. Sie zählt nicht zu den Erbkrankheiten. ***Sichelzellenanämie*** ist eine erbliche Blutkrankheit, die durch eine Strukturanomalie des Hämoglobins im Blut verursacht wird. Bei der ***Mukoviszidose*** arbeiten vor allem die Drüsen der Bronchialschleimhaut fehlerhaft und produzieren ein dickes Sekret, das die Lungenfunktion stark beeinträchtigt.

8

Ein Generikum ist ein ***Arzneimittel,*** das eine wirkstoffgleiche Kopie eines schon auf dem Markt befindlichen Markenpräparats ist, z. B. Aspirin und das Generikum Ratiopharm ASS. Die ***Altersheilkunde*** oder Geriatrie ist die Lehre von den Krankheiten alter Menschen. Gentechnisch veränderte Lebensmittel nennt man ***Genfood.***

Frage

9

Welcher Beinknochen des Menschen trägt die medizinische Bezeichnung Fibula?

- *Wadenbein*
- *Schienbein*
- *Oberschenkelknochen*

10

Welche Krankheit geht auf eine Demenz zurück?

- *Osteoporose*
- *Alzheimerkrankheit*
- *Parkinsonsche Krankheit*

11

Wofür ist das Kleinhirn (Cerebellum) beim Menschen zuständig?

- *Steuerung des Hormonsystems*
- *Koordination von Bewegung und Gleichgewicht*
- *Steuerung von Herzschlag und Atmung*

12

Was bezeichnet der Begriff Hämoglobin?

- *Ansammlung von Blut im Gewebe*
- *Blutfarbstoff*
- *Bluterkrankheit*

Antwort

9

Das ***Wadenbein*** trägt die medizinische Bezeichnung Fibula, das ***Schienbein*** heißt Tibia, und der ***Oberschenkelknochen*** wird Femur genannt.

10

Bei einer Demenz nehmen Denkvermögen, Gedächtnisleistung, Orientierung sowie Sprach- und Urteilsfähigkeit ab. Die meisten der davon Betroffenen leiden unter der ***Alzheimerkrankheit,*** bei der krankhafte Eiweißstoffe die Nervenzellen in ihrer Funktion hemmen. Die ***Parkinsonsche Krankheit*** oder Schüttellähmung ist eine degenerative neurologische Erkrankung, die sich vor allem durch Muskelzittern manifestiert. Bei ***Osteoporose*** ist die Dichte der Knochen reduziert, was das Risiko von Knochenbrüchen erhöht.

11

Das Kleinhirn (Cerebellum) ist für die ***Koordination von Bewegung und Gleichgewicht*** verantwortlich. Das ***Hormonsystem*** wird vom Hypothalamus gesteuert. Der Hirnstamm übermittelt Nervensignale zwischen dem Gehirn und dem Rückenmark und kontrolliert ***Herzschlag und Atmung.***

12

Hämoglobin ist der eisenhaltige ***Blutfarbstoff*** der roten Blutkörperchen, der den Sauerstoff der Lunge bindet und in die kleinen Blutgefäße transportiert. Reißt ein Blutgefäß durch eine Verletzung und tritt Blut in das umliegende Gewebe aus, spricht man von einem ***Hämatom*** oder Bluterguss. Bei der erblich bedingten ***Hämophilie*** oder Bluterkrankheit ist die Blutgerinnung gestört.

Frage

13

Welcher Teil des menschlichen Auges ist für die Farbwahrnehmung verantwortlich?

- *Pupillen*
- *Stäbchen*
- *Zapfen*

14

Unter welchem Namen ist das Gift der Clostridium-botulinum-Bakterien noch bekannt?

- *Anthrax*
- *Botox*
- *Vioxx*

15

Welches Pigment hat nichts mit der Haarfarbe des Menschen zu tun?

- *Phäomelanin*
- *Eumelanin*
- *Aureolin*

16

Wie wird die Schlafsucht in der medizinischen Fachsprache genannt?

- *Epilepsie*
- *Narkolepsie*
- *Neurolepsie*

Antwort

13

Von den 137 Millionen Nervenzellen der Netzhaut (Retina) sind sieben Millionen ***zapfenförmig*** und dienen der Farbwahrnehmung und dem Formensehen bei hellem Licht. Die 130 Millionen ***stabförmiger*** Zellen sind für das Sehen in der Dunkelheit wichtig. Die ***Pupillen*** steuern die Lichtintensität und regulieren die einfallende Lichtmenge.

14

Botox oder Botulinumtoxin, das von einem Bakterium gebildet wird, ist ein stark wirkendes Nervengift, das zu medizinischen Zwecken eingesetzt wird. In extrem geringer Konzentration dient es der kosmetischen Gesichtsfaltenbehandlung. ***Anthrax*** oder Milzbrand ist eine bakterielle Infektionskrankheit, an der in erster Linie Huftiere erkranken. ***Vioxx*** ist ein Rheumamedikament der amerikanischen Firma Merck, das wegen schwerer Nebenwirkungen 2004 vom Markt genommen werden musste.

15

Aureolin (Kobaltgelb) ist ein Pigment, das künstlich hergestellt wird und in Künstlerfarben zu finden ist. Die Haarfarbe des Menschen wird durch zwei Melanintypen bestimmt: Das Rotpigment ***Phäomelanin*** ist verantwortlich für hellblonde, blonde und rote Haare, ***Eumelanin*** dominiert hingegen in schwarzen und braunen Haaren.

16

Die ***Narkolepsie*** (Schlafkrankheit) ist eine neurologische Erkrankung, deren Ursache ein Mangel an dem Hormon Orexin ist, was zu plötzlichen Schlafattacken führt. Die ***Epilepsie*** ist eine chronische Erkrankung des Zentralnervensystems mit spontan auftretenden Krampfanfällen. Unter ***Neurolepsie*** versteht man die Verminderung der psychischen Anspannung oder Erregtheit eines Menschen durch Verabreichung eines Neuroleptikums.

Frage

17

Wie bezeichnet man die Angst vor Spinnen?

- *Cynophobie*
- *Ophidiophobie*
- *Arachnophobie*

18

Bei welcher Krankheit handelt es sich nicht um eine Essstörung?

- *Malabsorption*
- *Anorexia nervosa*
- *Adipositas*

19

Wer ist der Namensgeber der Brille?

- *Brillant*
- *Brillantine*
- *Beryll*

20

Was verbirgt sich hinter dem Begriff Lunatismus?

- *Mondblindheit*
- *Mondsüchtigkeit*
- *Mondgeografie*

Antwort

17

Die ***Arachnophobie*** ist die krankhafte Angst vor Spinnen. Als ***Cynophobie*** wird die Angst vor Hunden bezeichnet, und die ***Ophidiophobie*** ist die Angst vor Schlangen.

18

Malabsorpion ist eine Beeinträchtigung der Nährstoffausnutzung im Dünndarm aufgrund unterschiedlichster Störungen im Verdauungstrakt. ***Adipositas*** oder Fettleibigkeit ist eine Bezeichnung für starkes Übergewicht mit krankhaften Auswirkungen, was meist durch falsche Ernährung hervorgerufen wird. ***Anorexia nervosa,*** die psychisch bedingte Magersucht, tritt hauptsächlich bei weiblichen Teenagern und jungen Frauen auf und ist oft mit deren Angst vor Übergewicht verbunden.

19

Der Name Brille leitet sich vom spätmittelhochdeutschen Wort berille ab, was wiederum auf den Halbedelstein ***Beryll*** zurückgeht, aus dem man im Mittelalter Lesesteine schliff. Ein ***Brillant*** ist ein speziell geschliffener Diamant, und die ***Brillantine*** ist eine parfümierte Haarpomade zum Festigen und Formen der Haare.

20

Lunatismus ist eine andere Bezeichnung für Somnambulismus, ***Mondsüchtigkeit*** oder Schlafwandeln und gehört medizinisch zu den nichtorganischen Schlafstörungen. Die ***Mondblindheit*** ist eine periodisch wiederkehrende Augenentzündung bei Pferden. Die ***Mondgeografie,*** die sich mit der Kartierung von Mondstrukturen beschäftigt, wird als Selenografie bezeichnet.

Mensch und Medizin

Frage

21

Womit arbeitet die Kernspintomografie?

- *Utraschall*
- *Radiowellen und Magnetfelder*
- *Röntgenstrahlen*

22

Was ist ein Opioid?

- *Arzneimittel*
- *Himmelskörper*
- *geometrische Figur*

23

Wie wird eine Bauchspiegelung genannt?

- *Koloskopie*
- *Laparoskopie*
- *Gastroskopie*

24

Wann wurde der erste Herzschrittmacher entwickelt?

- *1958*
- *1992*
- *1932*

Antwort

21

Die Kernspin- oder Magnetresonanztomografie (MRT) ist ein nichtinvasives bildgebendes Diagnoseverfahren in der Medizin unter Nutzung eines ***Magnetfelds und Radiowellen.*** In der Röntgendiagnostik wird mit ***Röntgenstrahlen*** gearbeitet. ***Ultraschall*** wird bei der Sonografie als bildgebendes Verfahren eingesetzt.

22

Opioide sind ***Arzneimittel*** aus der Gruppe der Schmerzmittel, wobei sich der Name der Stoffgruppe vom natürlichen Stoffgemisch Opium herleitet, dessen Bestandteile Opiate heißen. Opioide können auch als Rauschmittel benutzt werden. Ein Ovoid (Ellipsoid) ist eine ***geometrische Figur,*** deren Querschnitte stets Ellipsen oder Kreise sind. Ein Asteroid ist ein kleiner ***Himmelskörper*** aus Stein, der um die Sonne kreist.

23

Bei einer Bauchspiegelung oder ***Laparoskopie*** wird die Bauchhöhle von innen mit einem speziellen Endoskop, dem Laparoskop, betrachtet. Die ***Koloskopie*** ist eine Untersuchung des Dickdarms (Kolon) mit einem Spezialendoskop (Koloskop). Die ***Gastroskopie*** ist eine Untersuchung des Magens mit einem speziellen Schlauch. Mit ihm kann man die Speiseröhre, den Magen und den Zwölffingerdarm von innen betrachten.

24

Bereits im Jahr ***1932*** wurde das erste Gerät zur elektrischen Herzreizung von einem New Yorker Arzt beschrieben. Es wog 7,2 kg und musste im Abstand von sechs Minuten neu aufgeladen werden. Der erste vollständig implantierte Herzschrittmacher kam ***1958*** in Stockholm zu Einsatz. Im Jahr ***1992*** folgte der erste Herz-Kreislauf-Schrittmacher.

Frage

25

Welches der genannten Temperamente verweist auf einen leidenschaftlich aufbrausenden und unbeherrschten Charakter?

- *Sanguiniker*
- *Choleriker*
- *Melancholiker*

26

Durch die Steigerung des Spiegels welchen Botenstoffs können Depressionssymptome gelindert werden?

- *Dopamin*
- *Serotonin*
- *Glutamat*

27

Wie nennt man ein zum Herz hinführendes Blutgefäß?

- *Vene*
- *Aorta*
- *Arterie*

28

Welche Krankheit bezeichnet man volkstümlich als Aussatz?

- *Tuberkulose*
- *Lepra*
- *Pest*

Antwort

25

Schon im alten Griechenland unterschied man die vier Temperamente und bezeichnete unbeherrschte, jähzornige und aufbrausende Menschen als ***Choleriker.*** ***Sanguiniker*** sind lebhaft, beweglich und optimistisch, während ***Melancholiker*** schwermütig, träumerisch und pessimistisch wirken.

26

Neurotransmitter sind biochemische Stoffe, welche Informationen von einer Nervenzelle zur anderen über eine Kontaktstelle (Synapse) weitergeben. Durch die Erhöhung des Spiegels von ***Serotonin*** können Depressionen oder Angststörungen gelindert werden. Der wichtigste erregende Transmitter im Zentralnervensystem (ZNS) ist ***Glutamat.*** Ein übermäßig hoher Spiegel an ***Dopamin*** wird mit Symptomen der Schizophrenie in Zusammenhang gebracht. Ein Dopaminmangel führt zur Parkinsonschen Krankheit.

27

Die ***Venen*** führen sauerstoffarmes Blut aus den peripheren, herzfernen Körperregionen zum Herzen hin. ***Arterien*** transportieren sauerstoffreiches Blut vom Herzen zu den Haargefäßen der verschiedenen Organe. Die ***Aorta*** oder Hauptschlagader ist die aus dem Aortenhof der linken Herzkammer entspringende Arterie.

28

In der Umgangssprache wurde die durch ein Bakterium hervorgerufene Infektionskrankheit ***Lepra*** auch Aussatz genannt, weil früher an Lepra erkrankte Menschen von gesunden Menschen isoliert wurden, also „Aussätzige“ waren. Die ***(Beulen-)Pest*** wird seit dem Mittelalter auch als Schwarzer Tod bezeichnet. Die ***Tuberkulose*** heißt bis heute im Volksmund auch Schwindsucht.

Frage

29

Was beschrieb der deutsche Arzt Ernst Gräfenberg erstmals im Jahr 1950?

- *G-Zone*
- *genetischer Code*
- *menschliche Chromosomen*

30

Was sind Placebos?

- *Kinder-medikamente*
- *Antibiotika*
- *wirkstofffreie Präparate*

31

Welches Land hat mit einem Prozentsatz von 66 % weltweit den höchsten Anteil übergewichtiger Menschen an der Gesamtbevölkerung?

- *Japan*
- *Mexiko*
- *USA*

32

Welches Material ist Bestandteil von Amalgam?

- *Gold*
- *Keramik*
- *Quecksilber*

Antwort

29

Auf der Suche nach dem erogenen Zentrum der Frau beschrieb der deutsche Gynäkologe Ernst Gräfenberg 1950 die Gräfenberger Zone, auch als ***G-Zone*** oder G-Punkt bezeichnet, deren Existenz allerdings umstritten ist. Die ***menschlichen Chromosomen*** wurden bereits 1850 entdeckt. Hauptakteure bei der Entschlüsselung des ***genetischen Codes*** waren in den 1950er-Jahren der Amerikaner James W. Watson und der Brite Francis C. Crick.

30

In der Medizin sind Placebos einem Arzneimittel nachgebildete, ***wirkstofffreie Präparate,*** die nur Milchzucker bzw. Stärke und manchmal wegen des Geschmacks oder der Farbe Hilfsstoffe enthalten. ***Antibiotika*** sind natürliche oder synthetische Stoffwechselprodukte von Bakterien, Pilzen u. a., die krankheitserregende Mikroorganismen bekämpfen. ***Kindermedikamente*** sind speziell auf die Verträglichkeit für Kinder hin entwickelte Präparate.

31

Die ***USA*** hatten 2005 laut OECD weltweit den höchsten Anteil an Fettleibigen, wobei der als Fettleibig gilt, dessen Body-Mass-Index (BMI) bei 30 oder höher liegt. An zweiter Stelle folgt ***Mexiko*** mit 62 %. Deutschland liegt bei steigender Tendenz im Bereich von 49 %, und ***Japan*** bewegt sich am unteren Ende der Skala mit 25 %.

32

Amalgam ist das in der Zahnheilkunde am häufigsten eingesetzte Füllungsmaterial für Zähne. Es handelt sich dabei um eine bei Normaltemperatur gebildete Legierung aus ***Quecksilber*** und einem Pulver, in dem Silber, Zinn, Kupfer und Zink vermischt sind. Zahnfüllungen und -ersatz aus ***Gold*** sind sehr körperverträglich und lange haltbar; Ähnliches gilt auch für ***Keramik.***

Frage

33

Welche Pionierleistung gelang Christiaan Barnard?

- *Entdeckung von Insulin*
- *Herztransplantation*
- *Entdeckung der Blutgruppen*

34

Welche der drei genannten Infektionskrankheiten wird nicht vom gleichen Erreger verursacht?

- *Windpocken*
- *Hepatitis*
- *Gürtelrose*

35

Welcher Körperteil wird bei einer Rhinoplastik verändert oder verschönert?

- *Ohren*
- *Nase*
- *Brust*

36

Welcher berühmten Frau wird inoffiziell der Titel „Erste deutsche Ärztin“ zugesprochen?

- *Dorothea Christiane Erxleben*
- *Hildegard von Bingen*
- *Franziska Tiburtius*

Antwort

33

Dem südafrikanischen Chirurgen Christiaan Barnard gelang 1967 im Groote-Schuur-Krankenhaus in Kapstadt die erste erfolgreiche ***Herztransplantation*** beim Menschen. Der kanadische Physiologe Frederick Banting isolierte 1921 mit Charles Best erstmals das ***Insulin.*** Die vier ***Blutgruppen*** des Menschen entdeckte der österreichische Arzt Karl Landsteiner im Jahr 1901.

34

Die ***Hepatitis*** ist eine Viruskrankheit, die je nach Hepatitis-Typ (Hepatitis A, B, C, D, E) von verschiedenen Hepatitis-Viren ausgelöst wird. Die ***Gürtelrose*** wird von einem Herpesvirus hervorgerufen, dem gleichen Virus, das auch für die ***Windpocken*** verantwortlich ist.

35

Eine Rhinoplastik ist eine plastische Operation zur kosmetischen Wiederherstellung oder Korrektur der ***Nase.*** Als Otopexie wird das chirurgische Verfahren zur Korrektur von abstehenden ***Ohrmuscheln*** bezeichnet. Eine ***Bruststraffung*** oder Mastopexie ist eine operative Methode zum Anheben oder Neuformen erschlaffter Brüste.

36

Nach 1150 verfasste die Ordensfrau ***Hildegard von Bingen*** mit „Casae et Curae“ (Ursachen und Heilungen) eine Schrift über den kranken Menschen und seine Heilung sowie weitere naturkundliche Abhandlungen, die bis heute zu den wichtigsten Quellen der Naturheilkunde zählen. ***Dorothea Christiane Erxleben*** war 1745 die erste promovierte deutsche Ärztin. ***Franziska Tiburtius*** konnte erst 1876 als nächste Frau – und das auch nur in Zürich – zum Doktor der Medizin promovieren.

Frage

37

Wie bezeichnet man die Oberhaut eines Menschen?

- *Corium*
- *Subkutis*
- *Epidermis*

38

Welcher Muskel kontrolliert hauptsächlich die menschliche Atmung?

- *Latissimus*
- *Zwerchfell*
- *Abduktor*

39

Welcher Konstitutionstyp ist ein mittelgroßer Mensch mit gedrungenem Körperbau und Neigung zu Fettansatz?

- *Astheniker*
- *Pykniker*
- *Athletiker*

40

Was bezeichnet der Begriff Nidation?

- *das Einnisten der befruchteten Eizelle in der Gebärmutter*
- *in der Sexualität den Geschlechts-verkehr*
- *das Eindringen der Samenzelle in die Eizelle*

Antwort

37

Die Oberhaut des Menschen wird ***Epidermis*** genannt. Sie bildet als äußerste Hautschicht den natürlichen Schutz gegenüber Einflüssen der Umwelt. Die zweite Schicht der Haut wird als ***Corium*** oder Lederhaut bezeichnet. Sie dient der Verankerung und Ernährung der gefäßfreien Epidermis. ***Subkutis*** ist die Unterhaut aus Fettgewebe.

38

Das ***Zwerchfell*** ist eine Muskel-Sehnen-Platte, die für die Aufnahme von Luft in die Lungen verantwortlich ist und Brust- und Bauchhöhle trennt. Die Muskelkontraktion des Zwerchfells führt zur Einatmung. Der ***Latissimus,*** oder genauer der Musculus latissimus dorsi, ist ein Rückenmuskel. Ein ***Abduktor*** ist ein Muskel für eine abduzierende, also von der Meridianachse des Körpers wegführende Bewegung, wie z. B. das Spreizen der Finger.

39

Der ***Pykniker*** ist laut der heute umstrittenen Einteilung von Ernst Kretschmer ein mittelgroßer Typ mit gedrungenem Körperbau, Brustkorb unten breiter als oben, kurzem Hals und breitem Gesicht. ***Athletiker*** haben einen kräftigen Körperbau und breite Schultern, während ***Astheniker*** mager, zart, eng- und flachbrüstig sind und dünne Arme und Beine haben.

40

Nidation bezeichnet den Moment des ***Einnistens einer befruchteten Eizelle in der Gebärmutterschleimhaut.*** Viele Wissenschaftler sehen diesen Zeitpunkt als den Beginn des menschlichen Lebens an und nicht den Moment der Befruchtung der Eizelle. In der Sexualwissenschaft wird das ***Eindringen in eine Körperöffnung*** als Penetration bezeichnet. Das ***Eindringen der Samenzelle in die Eizelle*** im Rahmen der Befruchtung nennt man Imprägnation.

Frage

1

Womit befasst sich die Selenologie?

- *mit der menschlichen Seele*
- *mit dem Mond*
- *mit Mineralen und Gesteinen*

2

Was ist ein Taikonaut?

- *Weltraumpilot*
- *Unterwasserforscher*
- *Held aus der griechischen Sage*

3

Welcher Begriff hat keinen direkten Bezug zum Urknall?

- *Ursuppe*
- *Urpizza*
- *Urgestein*

4

Welcher Planet ist kleiner als der Jupitermond Ganymed?

- *Merkur*
- *Erde*
- *Mars*

Antwort

1

Der heute selten gebrauchte Begriff Selenologie geht auf die griechische Mondgöttin Selene zurück und bezeichnet die ***Erforschung des Mondes*** mit geologischen Methoden. Die Psychologie hat die Erforschung der ***menschlichen Seele*** oder genauer der Psyche zum Gegenstand. Die Mineralogie beschäftigt sich mit der Entstehung und Zusammensetzung von ***Mineralen und Gesteinen.***

2

Taikonaut ist eine Wortschöpfung für den ersten, 2003 ins All beförderten ***chinesischen Weltraumpiloten*** und heißt sinngemäß übersetzt „Weltraumsegler". Aquanauten werden ***Unterwasserforscher*** oder Taucher genannt. Argonauten sind ***Helden der griechischen Sage,*** die mit dem Schiff Argo nach abenteuerlicher Fahrt das Goldene Vlies nach Griechenland holten.

3

Der Begriff ***Urgestein*** bezeichnet die ältesten Gesteinskomplexe der Grundgebirge, wie Granite oder Gneise. Eine Theorie zur Entstehung des Lebens auf der Erde geht davon aus, dass in der frühen Erdgeschichte aus im Wasser gelösten anorganischen Molekülen, einer ***Ursuppe,*** durch Energiezufuhr einfache organische Verbindungen hervorgegangen sind. Nach einer anderen Theorie haben sich auf einer sogenannten ***Urpizza,*** der Oberfläche von Eisensulfiden, die ersten Moleküle des Lebens gebildet.

4

Der Jupitermond Ganymed hat einen Durchmesser von 5265 km und ist damit größer als der Planet ***Merkur*** mit einem Durchmesser von 4878 km. Nicht wesentlich größer als Ganymed ist der Planet ***Mars*** mit einem Durchmesser von 6794 km. Die ***Erde*** hat einen Durchmesser von 12 756 km und der Erdmond von 3476 km.

Frage

5

Welcher Kalender dient nicht der Einteilung irdischer Zeit?

- *Darischer Kalender*
- *Julianischer Kalender*
- *Zoroastrischer Kalender*

6

In welchem Sternbild befindet sich das Zentrum der Milchstraße?

- *Schütze*
- *Kleiner Bär*
- *Stier*

7

Welcher berühmte Komet stürzte im Jahr 1994 auf den Planeten Jupiter?

- *Hale-Bopp*
- *Shoemaker-Levy*
- *Halley*

8

Welches Weltbild geht auf Nikolaus Kopernikus zurück?

- *geozentrisches Weltbild*
- *heliozentrisches Weltbild*
- *theozentrisches Weltbild*

Antwort

5

Der ***Darische Kalender*** wurde 1985 von dem Raumfahrtingenieur Thomas Gangal entwickelt, um den Bedürfnissen künftiger Siedler auf dem Mars zu entsprechen. Der ***Zoroastrische Kalender*** ist in der parsischen Religion verbreitet, und der ***Julianische Kalender*** wurde von Julius Caesar eingeführt und im 16. Jahrhundert durch den heute gültigen Gregorianischen Kalender ersetzt.

6

Das als helles Oval sichtbare Zentrum der Milchstraße liegt im ***Sternbild Schütze*** und ist nur in südlichen Ländern mit bloßem Auge zu sehen. Im Sternbild ***Kleiner Bär*** sieht man als hellsten Stern den Polarstern. Im Sternbild ***Stier*** befinden sich die zwischen September und April mit bloßem Auge erkennbaren Plejaden.

7

Der Komet ***Shoemaker-Levy 9*** wurde 1993 entdeckt, als er sich auf Kollisionskurs zum Planeten Jupiter befand. 1994 stürzten seine Bruchstücke auf die südliche Hemisphäre des Jupiter. Der ***Halleysche Komet*** wurde erstmals 1531 gesichtet und kehrt etwa alle 76 Jahre wieder. ***Hale-Bopp*** hat einen Durchmesser von 20 bis 40 km, und seine geringste Distanz zur Erde beträgt 200 Millionen Kilometer. Er wurde 1995 entdeckt und war 1997 über 18 Monate mit bloßem Auge sichtbar.

8

Das von Nikolaus Kopernikus entwickelte ***heliozentrische*** Weltbild besagt, dass die Sonne der Mittelpunkt unseres Universums ist und sich die Planeten um die Sonne bewegen. Das von Aristoteles und Ptolemäus vertretene ***geozentrische*** Weltbild betrachtet die Erde als Mittelpunkt des Universums. Das ***theozentrische*** Weltbild geht davon aus, dass Gott im geistigen Zentrum der Welt steht.

Frage

9

Wie nennt man die kleinsten, noch aktiven Sterne?

- *Weißer Zwerg*
- *Brauner Zwerg*
- *Roter Zwerg*

10

Wie nennt man die dunklen, kraterartigen Vertiefungen auf der Mondoberfläche?

- *Maria*
- *Terrae*
- *Planitia*

11

Wie ist die Abkürzung der europäischen Raumfahrtbehörde?

- *EADS*
- *ESA*
- *Eutelsat*

12

Wie nennt man die früheste Entwicklungsphase des Weltalls nach dem Urknall vor etwa 15 Milliarden Jahren?

- *Materieära*
- *Planckära*
- *Hadronenära*

Antwort

9

Rote Zwerge sind die kleinsten, noch aktiven Sterne, die etwa 70 % der Sterne unserer Milchstraße ausmachen. Ein ***Brauner Zwerg*** ist kaum noch ein Stern, da er weniger als 10 % der Sonnenmasse hat und damit nicht die nötige Energie erzeugen kann, um zu leuchten. Ein ***Weißer Zwerg*** ist ein zusammengefallener, extrem verdichteter Stern, der allmählich auskühlt.

10

Maria (Plural: Mare) ist die Bezeichnung für die dunklen Einschlagbecken auf dem Mond, die von großen Meteoriten stammen. Die kraterzerfurchten Hochländer der Mondoberfläche werden ***Terrae*** genannt. ***Planitia*** (lat. Fläche, Ebene) ist die Bezeichnung für ebene Oberflächenformationen auf Planeten. Utopia Planitia ist ein größeres Gebiet auf dem Mars, wo im Jahr 1976 die Raumsonde Viking 2 landete. Als Planitia werden auch die Tiefebenen der Venus bezeichnet.

11

ESA (European Space Agency) ist die 1975 gegründete europäische Weltraumorganisation mit Sitz in Paris. Die ***EADS*** (European Aeronautic Defence and Space Company) ist ein europäischer Luft- und Raumfahrtkonzern, und ***Eutelsat*** (European Telecommunications Satellite Organization) ist der drittgrößte Satellitenbetreiber der Welt.

12

Die ***Planckära*** bezeichnet eine Art Schwebezustand zwischen Nichtsein und Sein des Weltalls, in der alle vier Naturkräfte vermutlich noch in einer Kraft vereint waren. In der ***Hadronenära*** haben sich subatomare Teilchen zu stabilen Protonen und Neutronen zusammengeschlossen, und in der ***Materieära,*** in der wir noch heute leben, entwickelten sich erste Sterne und Galaxien.

Frage

13

Welcher Himmelskörper gilt im engeren Sinne nicht als Planet?

- *Merkur*
- *Uranus*
- *Pluto*

14

Wer war der erste Mensch im All?

- *Alan Shepard*
- *Juri Gagarin*
- *Sigmund Jähn*

15

Wie dick sind die charakteristischen Ringe des Saturn?

- *mehr als 100 000 km*
- *etwa 500 m*
- *etwa 25 000 km*

16

Wie weit (in Astronomischen Einheiten AE) ist der 2007 entdeckte erdähnliche Exoplanet, der um Gliese 581 kreist, von der Erde entfernt?

- *1 AE = 149,60 Millionen km*
- *1 264 796 AE = etwa 20 Lichtjahre*
- *über 50 AE*

Antwort

13

Der 1930 entdeckte ***Pluto*** gilt seit 2006 nicht mehr als Planet, sondern nur noch als Zwergplanet. Diese in der Wissenschaft umstrittene Deklassierung erfolgte aufgrund der Tatsache, dass sich in seinem Orbit zahlreiche andere Körper, sogenannte Plutinos befinden. Charakteristisch für den 1781 entdeckten Planeten ***Uranus*** ist das Zusammenfallen von Rotationsachse und Bahnachse. Der ***Merkur*** ist der kleinste und sonnennächste Planet unseres Sonnensystems.

14

Der sowjetische Kosmonaut ***Juri Gagarin*** war der erste Mensch im All, als er am 12. April 1961 die Erde einmal umrundete. ***Alan Shepard*** flog am 5. Mai 1961 als erster Amerikaner ins Weltall, ohne aber die Erde zu umkreisen. ***Sigmund Jähn*** flog 1978 der erster Deutscher in einem sowjetischen Raumschiff ins All.

15

Anhand der Messdaten der NASA Sonde Cassini wurde bestätigt, dass die aus Gesteins- und Eisbrocken bestehenden Saturnringe nur bis zu ***500 m*** dick sind, jedoch mehrere ***100 000 km*** ins All reichen. Über dem Nordpol des Saturns befindet sich eine etwa ***25 000 km*** breite stabile Struktur, die einem regelmäßigen Sechseck gleicht und synchron mit dem Planeten rotiert.

16

Der im Sternbild Waage neu entdeckte Exoplanet, der um den Roten Zwergstern Gliese 581 kreist, ist etwa ***1 264 796 AE,*** also rund 20 Lichtjahre von der Erde entfernt. Die mittlere Entfernung zwischen Sonne und Erde beträgt ***149,60 Millionen km,*** was einer Astronomischen Einheit (AE) entspricht. Der Zwergplanet Pluto ist über ***50 AE*** von der Erde entfernt.

Frage

17

Womit befasst sich das internationale Forschungsprojekt SETI?

- *Suche nach außerirdischem Leben*
- *Entschlüsselung der DNS*
- *Teilchenphysik*

18

Die Monde welches der genannten Planten sind nicht nach Gestalten aus der antiken Mythologie benannt?

- *Mars*
- *Neptun*
- *Uranus*

19

Welche der drei Frauen hielt sich nicht auf der internationalen Raumstation ISS auf?

- *Lisa Nowak*
- *Walentina Tereschkowa*
- *Anousheh Ansari*

20

In der Astronomie werden Entfernungen häufig in einer Zeiteinheit angegeben. Wie heißt sie?

- *Bogenminute*
- *Lichtjahr*
- *AE*

Antwort

17

SETI (Search for Extraterrestrial Intelligence) ist ein an der Universität von Kalifornien in Berkeley durchgeführtes internationales Projekt zur Suche nach außerirdischer Intelligenz. Das 1990 gestartete Humangenomprojekt (HGP) hat das Ziel, das ***Genom des Menschen*** vollständig zu entschlüsseln. Das 1954 ins Leben gerufene europäische Forschungszentrum CERN ist weltweit das größte Forschungszentrum für ***Teilchenphysik.***

18

Die Monde des ***Uranus*** sind nach Shakespeareschen Figuren, wie Ariel, Oberon, Puck oder Ophelia, benannt. Die Monde des ***Mars*** Phobos und Deimos gehen auf die Söhne und Begleiter des griechischen Kriegsgottes Ares zurück. Der Name des kleinsten ***Neptunmondes*** Naiad leitet sich von den antiken Najaden her, der größte Neptunmond Triton von dem griechischen Gott des Meeres.

19

Die russische Kosmonautin ***Walentina Tereschkowa*** startete 1963 an Bord des Raumschiffs Wostok 6 zu einem Flug ins All und war die erste Frau im Weltraum. Die Amerikanerin ***Anousheh Ansari*** hielt sich 2006 als erste Weltraumtouristin auf der ISS auf. ***Lisa Nowak*** war 2006 auf der ISS, erregte aber 2007 durch ein Eifersuchtsdrama beträchtliches öffentliches Aufsehen und wurde daraufhin aus dem Astronautenteam der NASA ausgeschlossen.

20

Das ***Lichtjahr*** ist eine astronomische Längeneinheit und bezeichnet die Strecke, die das Licht im Vakuum in einem Jahr zurücklegt: 9,4605 Billionen km. Die ***Bogensekunde*** ist ein Winkelmaß, und die Maßeinheit ***AE*** (Astronomische Einheit) ist ein Entfernungsmaß und entspricht der mittleren Entfernung zwischen Erde und Sonne.

Frage

21

Welches Großteleskop ist kein Weltraumteleskop?

- *Spitzer*
- *Hubble*
- *Arecibo*

22

Was ist die Korona?

- *äußere Schicht der Sonnenatmosphäre*
- *heftige Explosion auf der Sonne*
- *Lichteffekt um die Sonne*

23

Wie wird der sonnennächste Punkt in der Umlaufbahn eines Himmelskörpers um die Sonne genannt?

- *Perihel*
- *Ekliptik*
- *Perigäum*

24

Welches Sternbild findet man nicht am Nordhimmel?

- *Kassiopeia*
- *Perseus*
- *Kranich*

Antwort

21

Das zweitgrößte Radioteleskop mit einem Durchmesser von 305 m befindet sich in einem mit Reflektoren ausgelegten Krater in ***Arecibo*** (Puerto Rico). Das ***Hubble***-Weltraumteleskop wurde 1990 gestartet und kreist rund 966 km über der Erde in einer Umlaufbahn. Es arbeitet im Bereich des sichtbaren Lichts. Das Weltraumteleskop ***Spitzer*** wurde 2003 gestartet, um die auf der Erdoberfläche kaum beobachtbare kosmische infrarote Strahlung ins Visier zu nehmen.

22

Die Korona ist die äußerste, sehr dünne, aber extrem ***heiße äußere Schicht der Sonnenatmosphäre.*** Eine ***heftige Explosion auf der Sonne,*** bei der energiereiche Strahlung erzeugt wird, nennt man Flare. Ein ***Lichteffekt*** in der Atmosphäre, der in Form weißer oder farbiger Ringe um die Sonne erscheint, wird als Halo bezeichnet.

23

Als ***Perihel*** wird der sonnennächste Punkt der Umlaufbahn eines Planeten um die Sonne bezeichnet. Die ***Ekliptik*** ist die scheinbare Jahresbahn der Sonne am Himmel und die tatsächliche Bahn der Erde um die Sonne. Das ***Perigäum*** ist der erdnächste Punkt der Umlaufbahn des Mondes oder eines künstlichen Satelliten um die Erde.

24

Der ***Kranich*** ist ein Sternbild des Südhimmels und hat die Form eines umgedrehten Y. Es ist vollständig südlich des 35. Breitengrads zu sehen. Die ***Kassiopeia*** ist ein sehr auffälliges Sternbild des Nordhimmels, und seine fünf Hauptsterne bilden ein deutlich sichtbares W. ***Perseus*** gehört ebenso zum Nordhimmel und zählt zu den 48 klassischen Sternbildern, die schon von Ptolemäus beschrieben wurden.

Frage

25

Welcher dieser Planeten bewegt sich „rückwärts", also von Osten nach Westen um die Sonne?

- *Venus*
- *Uranus*
- *Mars*

26

Wie hieß der erste künstliche Satellit der Sowjetunion auf einer Umlaufbahn um die Erde?

- *Sojus 1*
- *Wostok 1*
- *Sputnik 1*

27

Wissenschaftler entdeckten 2006 in einem Teil der Milchstraße eine ausgedehnte Alkoholwolke. Aus welcher Alkoholart besteht sie?

- *Methanol*
- *Ethanol*
- *Benzylalkohol*

28

Welches der drei Fahrzeuge ist kein Marsmobil?

- *Opportunity*
- *Lunochod*
- *Spirit*

Antwort

25

Die ***Venus*** kreist im Vergleich zu den anderen Planeten „rückwärts" um die Sonne und rotiert so langsam, dass sie schneller einmal die Sonne umrundet, als sich um ihre eigene Achse zu drehen. Der ***Uranus*** „rollt" um die Sonne, da seine Rotationsachse annähernd in der Bahnebene liegt. Die Umlaufzeit des ***Mars*** beträgt 11,86 Erdenjahre.

26

Der Start von ***Sputnik 1*** am 14. Oktober 1957 war nicht nur Beginn der sowjetischen Raumfahrt, sondern leitete eine neue Ära der Weltraumforschung ein. ***Wostok 1,*** die erste bemannte sowjetische Raumkapsel, startete am 12. April 1961. ***Sojus*** hießen eine Reihe sowjetischer bemannter Raumkapseln, die als Raumfähren für die Raumstationen der Saljut-Reihe, später auch für die Mir und die ISS, dienten.

27

Die riesige, 463 Milliarden Kilometer lange Alkoholwolke in der Milchstraße besteht aus ***Methanol,*** einem primären, einwertigen Alkohol, der z. B. bei Gärprozessen entsteht. ***Benzylalkohol*** ist ein Duft- und Aromastoff und das wichtigste Lösungsmittel in der Lack- und Tintenindustrie. ***Ethanol*** ist eine farblose, stechend riechende Flüssigkeit, die umgangssprachlich Alkohol genannt wird. Ältere Bezeichnungen dafür sind Ethylalkohol, Weingeist oder Spiritus.

28

Das sowjetische Mondfahrzeug ***Lunochod 1*** startete am 10. November 1970 und war das erste ferngesteuerte Fahrzeug auf dem Mond. Der Mars-Rover ***Spirit*** landete am 4. Januar 2004 im Krater Gusev, und ***Opportunity*** landete am 25. Januar 2004 in der Marstiefebene Meridiani Planum. Beide Rover sind noch in Betrieb.

Frage

29

Wann stehen Mond und Sonne in direkter Opposition zueinander, d. h. von der Erde aus gesehen in entgegengesetzten Richtungen?

- *bei Neumond*
- *bei Halbmond*
- *bei Vollmond*

30

Wie nennt man Neutronensterne, die einen periodischen Licht- oder Radiostrahl aussenden?

- *Quasar*
- *Pulsar*
- *Nadir*

31

Was versteht man unter einer Nebensonne?

- *Lichterscheinung*
- *explodierender Stern*
- *Kleinplanet*

32

Welcher dieser Stoffe stammt tatsächlich vom Mond?

- *Mondgas*
- *Mondgestein*
- *Mondglas*

Antwort

29

Bei ***Vollmond*** steht der Mond der Sonne genau gegenüber, seine der Erde zugewandte Seite wird von der Sonne beschienen, und er ist deshalb ganz zu sehen. Bei ***Neumond*** steht der Mond zwischen der Erde und der Sonne, und nur die der Erde abgewandte Seite des Mondes wird beschienen, sodass man den Mond für etwa 35 Stunden nicht sehen kann. Bei ***Halbmond*** ist nur die Hälfte des Mondes sichtbar.

30

Pulsare sind fast vollständig aus Neutronen aufgebaute, schnell rotierende Himmelskörper, die so orientiert sind, dass der längs ihrer Magnetachse ausgesandte Strahlenkegel im Rhythmus der Rotationsperiode des Sterns die Erde überstreicht. ***Quasare*** sind die am weitesten entfernten und hellsten Himmelsobjekte. Als ***Nadir*** wird in der Himmelsnavigation der dem Zenit gegenüberliegende, nicht sichtbare Punkt der Himmelskugel bezeichnet.

31

Eine Nebensonne ist eine ***Lichterscheinung*** (Halo), die links oder rechts, manchmal auch beidseitig, neben der Sonne auftreten kann. Einen ***explodierenden massereichen Stern*** am Ende seines Lebens nennt man Supernova. Ein ***Kleinplanet,*** der um die Sonne kreist, heißt Asteroid oder Planetoid.

32

Im Zuge des amerikanischen Raumfahrtprogramms wurde auch ***Mondgestein*** untersucht. Dabei erwies es sich, dass das basaltartige Gesteinsmaterial eine etwas andere chemische Zusammensetzung hat als irdische Gesteine ähnlicher Art. ***Mondgas*** nennt man ein Heizgas, das durch Vergasung fester Brennstoffe gewonnen wird. ***Mondglas*** ist nach einem alten Verfahren hergestelltes Flachglas.

Planet Erde

Frage

1

Welche der genannten Tierarten wurde als Erste vom Menschen domestiziert?

- *Katze*
- *Esel*
- *Wolf*

2

Wie nennt man die Linien gleichen Luftdrucks auf einer Wetterkarte?

- *Isobathen*
- *Isomere*
- *Isobaren*

3

Wie bezeichnet man den Herd eines Erdbebens?

- *Epizentrum*
- *Hypozentrum*
- *Herdfläche*

4

Welcher Forscher prägte den Begriff Ökologie?

- *Konrad Lorenz*
- *Jakob Johann von Uexküll*
- *Ernst Haeckel*

Antwort

1

Das erste Tier, das vom Menschen domestiziert wurde, war etwa 10000 v. Chr. der ***Wolf.*** Der ***Esel*** wurde erstmals um 4000 v. Chr. im Niltal domestiziert, die ***Katze*** erst um 1500 v. Chr.

2

Die Linien gleichen Luftdrucks werden als ***Isobaren*** bezeichnet. Der Abstand der Isobaren gibt einen Hinweis auf die Stärke des horizontalen Druckgefälles in einem Gebiet. Nahe beieinanderliegende Isobaren bedeuten Sturm. ***Isomere*** sind chemische Verbindungen mit der gleichen Summenformel, aber mit unterschiedlichen chemischen Strukturen und Eigenschaften. ***Isobathen*** sind Linien gleicher Wassertiefe und geben auf Karten das Relief des Meeres- oder Seegrunds wieder.

3

Als ***Hypozentrum*** (Erdbebenherd oder seismische Quelle) wird jene Stelle in der Erde bezeichnet, von der ein Beben ausgeht. Das ***Epizentrum*** (von griech. epi = unter) ist der Punkt auf der Erdoberfläche, der senkrecht über dem Erdbebenherd liegt. Als ***Herdfläche*** wird die Bruchfläche in ihrer Gesamtheit bezeichnet, die das Erdbeben auslöst. Meist liegt die Herdfläche unter der Erdoberfläche und ist nicht sichtbar.

4

Der deutsche Zoologe und Philosoph ***Ernst Haeckel*** definierte 1866 den Begriff Ökologie, wie auch den heute in der Biologie geläufigen Begriff Stamm. Der Biologe und Zoologe ***Jakob Johann von Uexküll*** verankerte den Begriff Umwelt in der Biologie, gründete 1926 das Institut für Umweltforschung in Hamburg und gilt als Vordenker der Ökologie. Der Zoologe ***Konrad Lorenz*** war Wegbereiter der vergleichenden Verhaltensforschung.

Frage

5

Welche Landschaft ist nicht durch den Einschlag eines Meteoriten entstanden?

- *Nördlinger Ries*
- *Barringer Krater*
- *Crater Lake*

6

Wie nennt man den letzten zusammenhängenden Urkontinent?

- *Gondwana*
- *Pangäa*
- *Laurasia*

7

Welches in der Atmosphäre enthaltene Gas ist ein Abfallprodukt der Fotosynthese?

- *Methan*
- *Sauerstoff*
- *Argon*

8

Welches ist ein nichtmetallisches Mineral?

- *Limonit*
- *Alabaster*
- *Pechblende*

Antwort

5

Der ***Crater Lake*** im US-Bundesstaat Oregon ist mit 592 m der zehnttiefste See der Welt. Er entstand um 4895 v. Chr. durch den Einsturz einer Magmakammer. Das nahezu kreisförmige ***Nördlinger Ries*** hat einen Durchmesser von etwa 25 km und wurde durch einen Meteoriteneinschlag vor ca. 14 000 Jahren gebildet. Auch der bis zu 170 m tiefe und 1,5 km breite ***Barringer Krater*** in der Wüste von Arizona entstand durch einen Meteoriten.

6

Der Urkontinent ***Pangäa*** existierte als zusammenhängende Landmasse vermutlich bis zum Jungpaläozoikum. Durch plattentektonische Vorgänge driftete Pangäa vor etwa 180 Millionen Jahren auseinander, und es bildeten sich ***Laurasia*** (Nordamerika, Eurasien) und der alte Südkontinent ***Gondwana*** (Südamerika, Afrika, Antarktika, Australien, Indien, Madagaskar).

7

Bei der Fotosynthese nutzen Pflanzen die Sonnenenergie, um aus Wasser und Kohlendioxid Zucker (Glucose) zu erzeugen. Dabei wird als Abfallprodukt ***Sauerstoff*** freigesetzt. Das ***Methan,*** das das globale Klima beeinflusst, ist mit 0,0002 % an der Zusammensetzung der Atmosphäre beteiligt, das Edelgas ***Argon*** mit 0,934 %.

8

Alabaster ist ein sehr feinkörniger, dichter, durchscheinender Gips (Calciumsulfat) und wird zur Herstellung von kunstgewerblichen Gegenständen verwendet. ***Limonit*** (Brauneisenstein, Basalteisen) besteht hauptsächlich aus Hydroxiden und Eisenoxiden und ist das am häufigsten zu findende Eisenerz. Die radioaktive ***Pechblende*** oder Uraninit ist eine mineralische Form von Uranoxid und das Haupterz für die Uran- und Radiumgewinnung.

Frage

9

In welchem Teil der Atmosphäre befindet sich die Ozonschicht?

- *Thermosphäre*
- *Stratosphäre*
- *Troposphäre*

10

Welchen Anteil hat das Kohlendioxid (CO_2) an der Zusammensetzung der Atmosphäre?

- *78,08 %*
- *20,95 %*
- *0,03 %*

11

Welches Naturphänomen verursacht das Polarlicht?

- *geladene Teilchen*
- *Luftspiegelungen*
- *Lichtreflexionen*

12

Welcher EU-Mitgliedsstaat hat den höchsten jährlichen Energieverbrauch pro Kopf der Bevölkerung?

- *Belgien*
- *Luxemburg*
- *Finnland*

Antwort

9

Die dünne Ozonschicht befindet sich in etwa 26 km Höhe innerhalb der ***Stratosphäre*** und schützt den Menschen vor schädlicher UV-Strahlung. Die ***Thermosphäre*** bildet den Übergang zum interplanetaren Raum. Die ***Troposphäre*** ist die unterste Schicht der Atmosphäre, in der sich das Wettergeschehen abspielt.

10

Obwohl das Treibhausgas CO_2 einen bedeutenden Einfluss auf die Veränderung des Weltklimas hat, beträgt sein Anteil an der Zusammensetzung der Atmosphäre gerade einmal ***0,03 %.*** Stickstoff macht mit ***78,08 %*** den größten Anteil des Volumens der Atmosphäre aus, gefolgt von Sauerstoff mit ***20,95 %.***

11

Das Nordlicht oder Aurora borealis auf der Nordhalbkugel bzw. das Südlicht oder Aurora australis entsteht, wenn ***geladene Teilchen*** des Sonnenwinds im Bereich der magnetischen Pole in die Erdatmosphäre eindringen und dort mit den Luftmolekülen zusammenstoßen, diese ionisieren und zum Leuchten bringen. Durch ***Lichtreflexe*** entsteht u. a. der Regenbogen, und ***Luftspiegelungen*** erzeugen Fata Morganen, die etwa in Wüstengebieten Wasserflächen vortäuschen.

12

Den höchsten Energieverbrauch hat laut Eurostat (2005) ***Luxemburg*** mit 10,1 tRÖE (Tonne Rohöleinheiten). Es folgen ***Finnland*** mit 5,2 tRÖE und ***Belgien*** mit 5,0 tRÖE pro Kopf der Bevölkerung. Deutschland liegt mit 3,9 tRÖE im Mittelfeld. Im Vergleich dazu verbrauchen die USA 7,8 tRÖE und Japan 4,1 tRÖE. Die tRÖE ist eine Maßeinheit für den Energieverbrauch, der einer Tonne Rohöl mit einem Heizwert von 41,868 Gigajoules entspricht.

Frage

13

Wie nennt man die turmartigen, oft ambossförmigen Gewitterwolken?

- *Nimbostratus*
- *Cumulonimbus*
- *Cirrus*

14

Welche Erbebenstärkeskala bezieht sich nicht auf die sicht- und fühlbaren Auswirkungen von Erdbeben?

- *Richterskala*
- *MSK-Skala*
- *Mercalliskala*

15

Wie bezeichnet man den Erdkern?

- *Nife*
- *Sial*
- *Sima*

16

Welcher Schmuckstein ist aus fossilem Baumharz entstanden?

- *Jade*
- *Bernstein*
- *Smaragd*

Antwort

13

Cumulonimbus sind mächtig aufgetürmte Haufenwolken, die entstehen, wenn feuchte Luft über erhitztem Erdboden aufsteigt. Sie enthalten Wassertröpfchen und Eiskristalle und gehen oft mit Gewittern einher. ***Nimbostratus*** ist eine fast schwarze Wolkenschicht, die den gesamten Himmel bedeckt und aus der oft anhaltender Niederschlag fällt. ***Cirrus*** sind seidig glänzende, fasrige oder fleckenförmige Eiswolken in großer Höhe.

14

Die von dem Amerikaner Charles Francis Richter in den 1930er-Jahren entwickelte ***Richterskala*** dient dem Vergleich der Stärke (Magnitude) von Erdbeben. Die nach dem Vulkanologen Giuseppe ***Mercalli*** benannte Skala bestimmt die Erdbebenstärke nach dem beobachteten Geschehen und den bewirkten Veränderungen auf der Erdoberfläche. Die ***MSK-Skala*** (Medwedew-Sponheur-Karnik-Skala) basiert auf der Mercalliskala und gibt die Stärke eines Bebens in zwölf Stärkegraden an.

15

Nife ist die Abkürzung für die Materie des Erdkerns, der vermutlich aus Nickel (Ni) und Eisen (Fe) besteht. Die Oberkruste der Erde, die sich hauptsächlich aus Silizium- und Aluminiumverbindungen zusammensetzt, wird ***Sial*** genannt, die Unterkruste der Erde, die vermutlich überwiegend aus Silizium- und Magnesiumverbindungen besteht und unter der Sialschicht liegt, nennt man ***Sima.***

16

Bernstein ist ein fossiles Baumharz von Nadelhölzern und enthält oft Einschlüsse von Tieren oder Pflanzenteilen. ***Jade*** ist ein Gestein, gebildet aus den Mineralen Jadit bzw. Nephrit und wird als Schmuckstein verwendet. Die glänzenden grünen ***Smaragde*** sind die edle Form des Berylls.

Frage

17

Welches der drei bevölkerungsreichsten Länder der Erde hat den geringsten CO_2-Ausstoß pro Kopf der Bevölkerung?

- *China*
- *Indien*
- *USA*

18

Wie nennt man in der Meteorologie das Messinstrument zum Aufzeichnen des Verlaufs der Luftdruckveränderung?

- *Barograf*
- *Barometer*
- *Pyranometer*

19

Wie bezeichnet man den Prozess, bei dem eine Lithosphärenplatte unter eine andere geschoben wird?

- *Isostasie*
- *Subduktion*
- *Kontinentaldrift*

20

Welcher Naturforscher trug durch seine Arbeit wesentlich zur Schärfung eines ökologischen Bewusstseins im Bereich der Meere bei?

- *Hans Hass*
- *Jacques-Yves Cousteau*
- *Franck Goddio*

Antwort

17

Laut IEA (Stand 2004) hat ***Indien*** mit 1,1 Milliarden Einwohnern einen CO_2-Ausstoß von 1,02 t pro Kopf der Bevölkerung, ***China*** hat mit 1,3 Milliarden Einwohnern einen CO_2-Ausstoß von 3,65 t, und die ***USA*** bringen es mit 298 Millionen Einwohnern auf einen CO_2-Ausstoß von 19,73 t pro Kopf der Bevölkerung. Damit nehmen die USA weltweit mit großem Abstand die Spitzenposition ein.

18

Ein ***Barograf*** ist ein Messinstrument, das auf einer mit Papier bespannten Trommel ein Barogramm, d.h. den zeitlichen Verlauf des Luftdrucks aufzeichnet. Mit einem ***Barometer*** wird der Luftdruck bestimmt. Mit einem ***Pyranometer*** wird in der Meteorologie die eintreffende globale Strahlung der Sonne in Watt pro Quadratmeter gemessen.

19

Das Unterschieben einer Lithosphärenplatte unter eine andere wird als ***Subduktion*** bezeichnet. Sie ist eine Erscheinung des ***Kontinentaldrifts,*** der Bewegungen der Kontinentalplatten. Unter ***Isostasie*** wird das Einspielen auf einen Gleichgewichtszustand zwischen der Schwere und Dichte einzelner Platten der Erdkruste und des darunter befindlichen zähflüssigen Untergrunds verstanden.

20

Der 1997 verstorbene Meeresforscher ***Jacques-Yves Cousteau*** trug mit seinen über 100 Filmen und Büchern wesentlich zur Entwicklung eines Umweltbewusstseins für die Weltmeere bei. Der Tauchpionier ***Hans Hass*** hat sich besonders mit seinen Filmen über Haie sowie mit seinem Einsatz für den Umweltschutz einen Namen gemacht. Der Unterwasserarchäologe ***Franck Goddio*** ist durch spektakuläre Entdeckungen bekannt geworden.

Frage

21

Zu welchen Brennstoffen gehören Lignit und Anthrazit?

- *fossile Brennstoffe*
- *atomare Brennstoffe*
- *künstliche Brennstoffe*

22

Wie nennt man einen trocken-heißen Wüstenwind?

- *Buran*
- *Ghibli*
- *Bora*

23

Welches war die letzte große Eiszeit im Alpenraum?

- *Würm-Eiszeit*
- *Günz-Eiszeit*
- *Riß-Eiszeit*

24

Welcher Zweig der Geowissenschaft beschäftigt sich mit den Binnengewässern?

- *Hydrografie*
- *Limnologie*
- *Ozeanografie*

Antwort

21

Lignit ist die englische Bezeichnung für Braunkohle. Im Deutschen werden damit die groben Holzbestandteile der Braunkohle bezeichnet. Anthrazit gilt als die hochwertigste Kohlesorte mit einem Kohlenstoffgehalt von 90 %. Beide zählen zu den ***fossilen Brennstoffen.*** Zu den ***atomaren Brennstoffen*** gehören Uran und Plutonium. ***Künstliche Brennstoffe*** werden aus natürlichen Brennstoffen gewonnen, wie Koks oder Briketts.

22

Ghibli ist ein trockenheißer Süd-Wüstenwind, der im Frühjahr besonders in der Sahara in Libyen auftritt. ***Buran*** ist ein winterlicher Kälteeinbruch in Sibirien, und ***Bora*** heißt der kalttrockene Fallwind der an der dalmatischen Küste auftritt.

23

Würm-Eiszeit wird die jüngste der bisher aufgetretenen großflächigen Vergletscherungen im Alpenraum genannt. Sie vollzog sich vor etwa 150 000–10 000 Jahren. Die ***Riß-Eiszeit*** war die mittlere der hier genannten Vergletscherungen und wird in den Zeitraum vor 240 000–190 000 Jahren eingeordnet. Die ***Günz-Eiszeit*** war die älteste und längste Kaltzeit des Pleistozäns im Alpenraum und dauerte von etwa 640 000 bis 540 000 vor heute.

24

Die ***Limnologie*** beschäftigt sich mit der Erforschung der Binnengewässer als Ökosysteme. Sie ist, wie auch die ***Ozeanografie*** oder Meereskunde, die sich den physikalischen, chemischen, biologischen und geologischen Vorgängen in den Weltmeeren widmet, ein Teilbereich der ***Hydrografie,*** der Lehre vom Wasser – über, auf und unter der Erdoberfläche.

Frage

25

Wie bezeichnet man den unteren Teil eines Gletschers?

- *Klamm*
- *Zunge*
- *Kar*

26

Wie nennt man untermeerisch gebildete Lava?

- *Blocklava*
- *Kissenlava*
- *Stricklava*

27

Welche Klimaanomalie vor der Westküste Südamerikas führt häufig zu globalen Witterungsveränderungen und Unwettern?

- *La Niña*
- *El Niño*
- *NAO*

28

Wie bezeichnet man eine Schlamm- und Gesteinsablagerung im Gebirge?

- *Moräne*
- *Mure*
- *Fjell*

Antwort

25

Die ***Gletscherzunge*** ist die oft zungenförmige untere Zone eines Gletschers, an der das Eis schmilzt. Das Wort ***Klamm*** bezeichnet ein tiefes, enges Tal mit hohen Gesteinswänden, durch das ein Gebirgsbach fließt. ***Kare*** sind von Gletschern geschaffene, kesselförmige Vertiefungen an einem Berghang in höheren Bereichen von Gebirgen.

26

Kissen- oder Pillowlava ist untermeerisch ausgetretene, kissenförmige Lava. ***Stricklava*** oder Pahoehoe-Lava werden dünnflüssige basaltische Schmelzen genannt, die häufig aus Spalten austreten und als Lavastrom bergab fließen. ***Blocklava*** oder Aa-Lava ist zähflüssige Lava, die bereits im Schlot eines Vulkans erstarren kann.

27

El Niño wird das Auftreten einer warmen Meeresströmung im Pazifikraum genannt, die im Abstand von mehreren Jahren zur Weihnachtszeit auftaucht und Überschwemmungen vor der Westküste Südamerikas und Dürren in Südostasien nach sich zieht. Ein El Niño verwandtes Phänomen im Atlantik wird als ***NAO*** (Nordatlantische Oszillation) bezeichnet. ***La Niña,*** ausgelöst durch hohe Luftdruckunterschiede zwischen Südamerika und Indonesien und mit starken Passatwinden einhergehend, tritt meist im Anschluss an ein El-Niño-Phänomen auf.

28

Eine ***Mure*** ist eine Schlamm- und Geröllawine im Gebirge, die meist nach starken Regenfällen entsteht. Als ***Fjell*** werden die rauen, waldlosen Hochflächen Skandinaviens und Islands bezeichnet. Eine ***Moräne*** ist von Gletschern verfrachteter Gesteinsschutt, der am Rand von Gletschern oder an der Gletscherzunge abgelagert wurde und typische Moränenlandschaften gebildet hat.

Frage

29

Wie wird das Ausfließen vulkanischer Gesteinsschmelzen auf der Erdoberfläche genannt?

- *Intrusion*
- *Extrusion*
- *Akkumulation*

30

Wie werden die Einschlüsse von kleinen Tieren und Pflanzenteilen im Bernstein genannt?

- *Inklusen*
- *Inkrustationen*
- *Intaglio*

31

Wie nennt man eine trichter- oder schüsselförmige Vertiefung in Karstgebieten?

- *Drumlin*
- *Doline*
- *Maar*

32

Bei welcher Strömung handelt es sich um eine warme Meeresströmung?

- *Golfstrom*
- *Benguelastrom*
- *Humboldtstrom*

Antwort

29

Das Ausdringen zäher vulkanischer Gesteinsschmelzen (Magma), meist mit Bildung von Stau- oder Quellkuppen, nennt man ***Extrusion.*** Das Eindringen von Magma in einen Gesteinsverband wird als ***Intrusion*** bezeichnet. Das dabei entstehende Gestein heißt Intrusivgestein. Eine ***Akkumulation*** nennt man in der Geologie die Anhäufung von vulkanischem oder sedimentarem Geröll.

30

Inklusen sind Fossilien von kleinen Tieren oder Pflanzenteilen, die in Bernstein eingeschlossen sind. ***Inkrustationen*** sind Ein- oder Auflagen aus Stein, Terrakotta oder Glas, die – ähnlich wie Intarsien bei Holz – eine Fläche dekorativ beleben sollen. Als ***Intaglio*** oder Gemme wird ein Schmuckstein mit einer vertieft geschnittenen bildlichen Darstellung bezeichnet.

31

Eine ***Doline*** ist ein schüssel- oder trichterförmiger Einbruch in Karstgebieten, meist mit rundem oder elliptischem Querschnitt, der häufig durch den Einsturz eines Hohlraums entstanden ist. Ein ***Maar*** ist eine kreisförmige, kraterartige Vertiefung vulkanischen Ursprungs. Ein in einem Maar befindlicher See wird Maarsee genannt. Ein ***Drumlin*** ist ein durch glaziale Ablagerung von Moränenmaterial entstandener, lang gestreckter und niedriger Hügel.

32

Der ***Golfstrom*** ist ein rasch fließender Strom im Atlantik, der durch seinen Transport warmen Meerwassers das west- und nordeuropäische Klima wesentlich mitbeeinflusst. Der ***Humboldtstrom*** ist eine kalte Meeresströmung vor der Westküste Südamerikas, und der ***Benguelastrom*** ist eine kalte Meeresströmung im Südatlantik.

Frage

33

Wie nennt man plötzlich auftretende, sehr hohe und sich schnell ausbreitende Meereswellen?

- *Springflut*
- *Sturmflut*
- *Tsunami*

34

Wer schuf den ältesten erhaltenen Erdglobus?

- *Krates von Mallos*
- *Adam Olearius*
- *Martin Behaim*

35

Was bezeichnet der Begriff Äquinoktium?

- *Sonnenwende*
- *Tagundnacht-gleiche*
- *Mitternachts-sonne*

36

Was wird innerhalb des Schalenbaus der Erde als Moho bezeichnet?

- *Erdkruste*
- *Grenzfläche zwischen Erdkruste und Erdmantel*
- *untere Schicht des Erdmantels*

Antwort

33

Ein ***Tsunami*** ist eine durch Seebeben hervorgerufene, sich schnell ausbreitende Meereswelle von hoher Zerstörungskraft. Eine ***Sturmflut*** ist ein extrem hoher Wasserstand, hervorgerufen durch starken auflandigen Wind, besonders an Flussmündungen, Flachküsten und Buchten. Eine ***Springflut*** tritt zweimal im Monat, und zwar bei Neumond und Vollmond auf. Dabei ist der Tidenhub am größten.

34

Der älteste erhaltene Erdglobus wurde 1492 von dem Nürnberger Kartografen und Astronomen ***Martin Behaim*** geschaffen. Der älteste Globus, der je schriftliche Erwähnung fand, stammt von ***Krates von Mallos*** aus der Zeit um 150 v. Chr. Der Hofgelehrte Adam Olearius baute 1650–1664 in Schleswig den über drei Meter großen, dreh- und begehbaren Gottorfer Riesenglobus.

35

Äquinoktium ist die kalendarische ***Tagundnachtgleiche*** am 21. März und am 23. September, also Frühlings- und Herbstanfang. ***Mitternachtssonne*** nennt man die nördlich des nördlichen und südlich des südlichen Polarkreises während der Mittsommerzeit um Mitternacht sichtbare Sonne. Die ***Sonnenwende*** (Solstitium) ist jener Zeitpunkt, an welchem die Sonne im Laufe eines Sonnenjahres die größte nördliche oder südliche Deklination erreicht.

36

Die Mohorovicic-Diskontinuität (Moho) ist die ***Grenzfläche zwischen Erdkruste und Erdmantel.*** Die ***Erdkruste und der obere Teil des Erdmantels*** werden Lithosphäre genannt. Die untere Schicht des Erdmantels wird als D″-Schicht bezeichnet. Sie stellt die ***Übergangszone zwischen Erdmantel und Erdkern*** dar.

Frage

1

Welche Errungenschaft des 17. Jahrhunderts führte zu einer neuen Dimension der Biologie?

- *Ordnungssystem*
- *Mikroskopie*
- *Evolutionslehre*

2

Welche Mikroorganismen zählen nicht zu den Lebewesen?

- *Bakterien*
- *Viren*
- *Zellen*

3

Welche Theorie zur Existenz irdischen Lebens stellte der britische Wissenschaftler James Lovelock im Jahr 1968 auf?

- *Kathastrophen-theorie*
- *Gaiahypothese*
- *Panspermie-hypothese*

4

Welcher Wissenschaftszweig befasst sich mit der äußeren Gestalt von Lebewesen?

- *Taxonomie*
- *Morphologie*
- *biologische Anthropologie*

Antwort

1

Die im 17. Jahrhundert aufblühende ***Mikroskopie*** versetzte Forscher in die Lage, Details zu erkennen, die mit bloßem Auge nicht sichtbar waren. Carl von Linné entwickelte im 18. Jahrhundert ein ***Ordnungssystem*** für alle Lebewesen. Charles Darwin begründete Mitte des 19. Jahrhunderts mit seiner Erklärung, dass die Entstehung und der Wandel von Arten auf natürlicher Selektion beruht, die ***Evolutionstheorie.***

2

Viren zählen nicht als Lebewesen, da sie sich nicht aus eigener Kraft vermehren können und auch keinen eigenen Stoffwechsel haben. ***Zellen*** sind die kleinsten Einheiten lebender Systeme mit allen charakteristischen Lebensfunktionen. ***Bakterien*** sind Lebewesen ohne echten Zellkern und werden deshalb auch Prokaryonten genannt.

3

Nach der ***Gaiahypothese*** James Lovelocks ist die Natur als eine Vielzahl von sich selbst regulierenden Ökosystemen anzusehen, vielleicht sogar im Ganzen eine Art Organismus. Georges Cuvier (1769–1832) erklärt in seiner ***Katastrophentheorie*** die Entwicklung von Fauna und Flora innerhalb der Erdgeschichte durch plötzliche, alles Leben vernichtende Katastrophen und anschließende Neuschöpfung oder Einwanderung von Lebewesen. Die ***Panspermiehypothese*** nimmt die Entstehung des Lebens auf der Erde durch Keime aus dem Weltall an.

4

Die ***Morphologie*** untersucht Gestalt und Gestaltänderung von Tieren und Pflanzen. Die ***Taxonomie*** kategorisiert Pflanzen und Tiere nach ihren verwandtschaftlichen Beziehungen. Die ***biologische Anthropologie*** beschäftigt sich mit der Verschiedenheit biologischer Merkmale.

Frage

5

Welches Produkt ist ein Resultat der Bionik?

- *Flugzeugpropeller*
- *Klettverschluss*
- *Echolot*

6

Wie nennt man den Endabschnitt eines Chromosoms?

- *Cytosin*
- *Guanin*
- *Telomer*

7

Wie nennt man die Methode zur Altersbestimmung anhand der Jahresringe eines Baumes?

- *Stratigrafie*
- *Dendrochronologie*
- *Glottochronologie*

8

Wie bezeichnet man den Blattfarbstoff, der Voraussetzung für die Fotosynthese ist?

- *Chloroform*
- *Chlorophyll*
- *Chlorophyta*

Antwort

5

Das natürliche Vorbild des ***Klettverschlusses*** ist die Große Klette, deren Samen einen Haftmechanismus aus flexiblen Haken haben, die sich bei Berührung verhaken und auch bei gewaltsamer Trennung nicht abbrechen. Für ***Flugzeugpropeller*** und ***Echolot*** gibt es zwar natürliche Entsprechungen (Ahornsamen bzw. Delfin), doch erfolgte hier die Entwicklung unabhängig vom Naturvorbild.

6

Der Begriff ***Telomer*** (vom griechischen telos = Ende und mero = Teil) wurde vom amerikanischen Genetiker Hermann Joseph Muller geprägt und bezeichnet die kleinen Endabschnitte der Chromosomen, die sich mit jeder Zellteilung und mit zunehmendem Alter verkürzen. ***Guanin*** und ***Cytosin*** sind zwei der vier Nukleinbasen und Grundbausteine von DNS und RNS. Die beiden anderen Basen sind Thymin und Adenin.

7

Mit der ***Dendrochronologie*** lassen sich anhand der Jahresringe eines Stammquerschnitts das Alter des Baumes sowie dessen Wachstumsbedingungen ablesen. Die ***Stratigrafie*** ist Teil der Geowissenschaften und dient der Altersbestimmung von Gesteinsablagerungen und -formationen. Die ***Glottochronologie*** ist eine umstrittene Methode der Linguistik zur zeitlichen Einordnung der Entstehung von Sprachen durch Sprachvergleich.

8

Das ***Chlorophyll*** ist der grüne Farbstoff der Pflanzen. Es befindet sich in den Chloroplasten und ermöglicht die Fotosynthese. ***Chloroform*** ist die populäre Bezeichnung für Trichlormethan $CHCl_3$ und wird als Lösungsmittel oder zur Herstellung von FCKW verwendet. ***Chlorophyta*** oder Grünalgen sind eine Gruppe niederer Wasserpflanzen.

Frage

9

Welche Tiere waren für Charles Darwin auf den Galapagos-Inseln die Studienobjekte, anhand derer er seine Theorie über die Entstehung der Arten untermauerte?

- *Finken*
- *Graugänse*
- *Schimpansen*

10

Wie werden extremophile Organismen bezeichnet, die sich optimal an besonders niedrige Temperaturen angepasst haben?

- *Barophile*
- *Psychrophile*
- *Halophile*

11

An welchem Teil eines Baumstamms wird neues Holz gebildet?

- *Phloem*
- *Kambium*
- *Splint*

12

Welches Holz gehört nicht zu den Harthölzern?

- *Douglasie*
- *Balsa*
- *Pockholz*

Antwort

9

Während einer Forschungsreise von 1831 bis 1836 beobachtete Charles Darwin auf den Galapagos-Inseln und anderswo ***Finken,*** deren gemeinsame Merkmale und Unterschiede ihm als ein Beleg für seine Evolutionstheorie dienen sollten. Der Verhaltensforscher Konrad Lorenz (1903–1988) studierte fast sein ganzes Leben lang ***Graugänse,*** und Jane Goodall widmet sich seit 1960 in Tansania der Erforschung der ***Schimpansen.***

10

Mikroorganismen und andere Kleinlebewesen, wie der Antarktische Krill, die optimal an besonders niedrige Temperaturen angepasst sind, werden als ***Psychrophile*** bezeichnet. ***Halophile*** sind Organismen, die hohen Salzkonzentrationen angepasst sind, und ***Barophile*** halten einen hohen hydrostatischen Druck aus, wie er in der Tiefsee herrscht.

11

Das ***Kambium*** ist eine dünne Schicht lebender Zellen zwischen Rinde und Holz, die sich jedes Jahr teilt und auf der Innenseite neues Holz bildet. Im ***Phloem*** oder Bast, dem inneren Gewebe der Rinde, werden die gelösten organischen Stoffe der Fotosynthese transportiert. Als ***Splint*** oder Splintholz wird neues Holz bezeichnet, dessen Zellen Nährstoffe speichern.

12

Die ***Douglasie*** oder Douglastanne ist ein Nadelbaum und gehört aufgrund ihrer physikalischen Eigenschaften, wie alle Nadelhölzer, zu den Weichhölzern. Das tropische ***Pockholz*** gehört zu den Harthölzern und ist eine der schwersten und härtesten Nutzholzarten überhaupt. ***Balsa*** ist ein extrem leichtes Nutzholz des südamerikanischen Balsabaums.

Frage

13

Wie wird die Teilung eines Zellkerns bezeichnet?

- *Mitose*
- *Meiose*
- *Miosis*

14

Welches dieser Tiere wird den Dinosauriern zugeordnet?

- *Mastodon*
- *Archaeopterix*
- *Triceratops*

15

Wie nennt man einen Organismus, der seine Nahrung anderen Lebewesen entnimmt?

- *Symbiont*
- *Parasit*
- *Epiphyt*

16

Wie nennt man die Flug- und Bewegungsorientierung von Tieren nach den Himmelskörpern?

- *Astrobiologie*
- *Astrotaxie*
- *Astronavigation*

Antwort

13

Die Kernteilung, bei der aus einem Zellkern zwei Tochterkerne entstehen, in denen das Genmaterial und die Chromosomenzahl der Mutterzelle kopiert sind, wird als ***Mitose*** bezeichnet. Unter ***Meiose*** versteht man die beiden Kern- und Zellteilungen, die zur Bildung der Geschlechtszellen und zur Rekombination des Erbguts mütterlichen und väterlichen Ursprungs führen. ***Miosis*** ist der wissenschaftliche Begriff für eine Verengung der Pupille.

14

Triceratops war eine Gattung der Vogelbeckendinosaurier aus der Gruppe der Ceratopsier und lebte vor etwa 70 bis 65 Millionen Jahren. Der Urvogel oder ***Archaeopterix*** war eine Gattung der Archosaurier des Oberen Jura (Malm) und wird in der Regel der Klasse der Vögel zugerechnet. ***Mastodonten*** waren Rüsseltiere, die im Tertiär und Quartär lebten.

15

Parasiten sind Organismen, die ihre Nahrung anderen Lebewesen (Wirten) entnehmen und sich vorübergehend oder dauernd am oder im Körper des Wirtes aufhalten. ***Epiphyten*** sind Gewächse, die ohne Kontakt mit dem Boden auf anderen Pflanzen wachsen, von denen jedoch nicht mit Nährstoffen versorgt werden. Ein ***Symbiont*** ist ein Organismus, der eine symbiotische Beziehung zu beiderseitigem Nutzen mit einem anderen eingegangen ist.

16

Die Flug- und Bewegungsorientierung von Tieren, wie Zugvögeln oder Bienen, nach Himmelskörpern wird ***Astrotaxie*** genannt. Die ***Astronavigation*** ist ein Verfahren in der See- und Luftfahrt zur Standortbestimmung. Die ***Astrobiologie***, eine Protowissenschaft, forscht nach der Verbreitung organischen Lebens im Weltall.

Frage

17

Wodurch können sich Pilze ungeschlechtlich vermehren?

- *Myzel*
- *Sporen*
- *Hyphen*

18

Welches der genannten Tiere gilt als am längsten ausgerottet?

- *Bali-Tiger*
- *Auerochs*
- *Dodo*

19

Welcher Zoologe und Naturforscher verfasste den Bestseller „Der nackte Affe"?

- *Dian Fossey*
- *Desmond Morris*
- *Alfred Russel Wallace*

20

Wie nennt man die Lebensgemeinschaft aller in einem bestimmten Lebensraum existierenden Pflanzen, Tiere und Mikroorganismen?

- *Biotop*
- *Biosphäre*
- *Biozönose*

Antwort

17

Die mikroskopisch kleinen Keimzellen von Pilzen, die sich ungeschlechtlich unmittelbar zu einem neuen Individuum entwickeln, werden ***Sporen*** genannt. Die vegetative Vermehrung von Pilzen geschieht durch das meist unter der Erde liegende ***Myzel*** (Pilzgeflecht), das aus fadenartigen Zellen gebildet wird, die ***Hyphen*** genannt werden.

18

Der einst in Europa verbreitete und schon auf steinzeitlichen Höhlenmalereien abgebildete ***Auerochs*** (Ur) gilt seit 1627 als ausgerottet. Der ***Dodo*** oder auch die Dronte, ein flugunfähiger Vogel, der auf den Inseln Mauritius und Réunion vorkam, gilt seit 1681 als ausgestorben, und der auf Bali beheimatete ***Bali-Tiger*** wurde um 1985 letztmalig gesichtet und gilt deshalb ebenfalls als ausgerottet.

19

Der britische Zoologe und Verhaltensforscher ***Desmond Morris*** veröffentlichte 1967 das Buch „Der nackte Affe", das ihn rasch weltberühmt werden ließ. Die 1985 in Ruanda ermordete amerikanische Verhaltensforscherin ***Dian Fossey*** hatte sich auf die Erforschung von Berggorillas spezialisiert. Der Brite ***Alfred Russel Wallace*** war ein Wegbereiter der Abstammungslehre und formulierte unabhängig von Charles Darwin Mitte des 19. Jahrhunderts die Evolutionstheorie.

20

Der Begriff ***Biozönose*** wurde 1877 von Karl August Möbius geprägt und bezeichnet die Gemeinschaft von Organismen verschiedener Arten in einem Lebensraum (Biotop). Biozönose und ***Biotop*** bilden zusammen das Ökosystem. Als ***Biosphäre*** wird der Bereich der Erde bezeichnet, in dem Leben möglich ist, d.h. der von lebenden Organismen bewohnt wird.

Frage

21

Wie nennt man den Wissenschaftszweig, der sich mit Käfern beschäftigt?

- *Mykologie*
- *Ichthyologie*
- *Koleopterologie*

22

Welche dieser Gliederfüßer sind seit etwa 250 Millionen Jahren ausgestorben?

- *Palpenläufer*
- *Trilobiten*
- *Ostrakoden*

23

Welches dieser Organismen gehört nicht zu den Einzellern?

- *Amöben*
- *Geißeltierchen*
- *Volvox*

24

Wie nennt man Organismen oder Zellen, die von einem einzigen Vorfahren abstammen?

- *Mutant*
- *Klon*
- *Hybride*

Antwort

21

Die ***Koleopterologie*** ist die Lehre von den Käfern und Zweig der Entomologie, der Wissenschaft von den Insekten. Die ***Mykologie*** ist die Wissenschaft von den Pilzen und die ***Ichthyologie*** befasst sich mit der Erforschung von Fischen.

22

Die ***Trilobiten*** oder Dreilappkrebse waren in ihrem Körperbau gegliederte Tiere und gehörten zu den ersten Gliederfüßern. Sie lebten vom Kambrium bis zum Ende des Perm in den Urmeeren und sind heute Leitfossilien für das Paläozoikum. Die ***Palpenläufer*** gehören zur Klasse der Spinnentiere, von denen weltweit knapp 80 Arten bekannt sind. ***Ostrakoden*** sind kleine Krebstiere, die alle aquarischen Lebensräume besiedeln.

23

Volvox ist eine Gattung von Grünalgen, die im Süßwasser leben. Sie sind keine Einzeller und keine echten Vielzeller, sondern werden als sogenannte Pseudovielzeller angesehen, da sie nur aus zwei Zelltypen (somatische Zellen und Keimzellen) bestehen. Einzeller sind Organismen, die aus einer einzigen Zelle bestehen und lediglich Zellkolonien bilden. Zu ihnen zählen auch die mikroskopisch kleinen ***Amöben*** und ***Geißeltierchen.***

24

Als ***Klon*** wird die durch ungeschlechtliche Vermehrung entstandene und somit identische Nachkommenschaft eines einzelnen Individuums bezeichnet. Eine ***Hybride*** ist ein Organismus, der nach der Kreuzung von zwei unterschiedlichen Arten, Stämmen, Rassen oder Varietäten entstanden ist. Ein ***Mutant*** ist ein genetisch verändertes Lebewesen, das sich nach einer Erbgutveränderung seiner Vorfahren entwickelt hat und diese weitergibt.

Frage

1

Wie wird Drainasphalt noch genannt?

- *Gussasphalt*
- *Asphaltbeton*
- *Flüsterasphalt*

2

Wodurch wird bei Plasmabildschirmen ein Bild erzeugt?

- *Elektronenröhre*
- *farbige Kristalle*
- *ionisiertes Edelgas*

3

Was verbirgt sich hinter der Bezeichnung Yellowcake?

- *fein vermahlenes Uranoxid*
- *waffentaugliches Uran*
- *Material für „schmutzige Bomben"*

4

Wozu dient ein Ionenmotor?

- *alternativer Antrieb in Kraftfahrzeugen*
- *Antrieb für Nanomaschinen*
- *Antrieb bei Weltraummissionen*

Antwort

1

Die offenporige Oberfläche des Drainasphalts führt dazu, dass die Abrollgeräusche der Reifen verringert werden. Er wird daher auch ***Flüsterasphalt*** genannt. ***Asphaltbeton*** wird im Straßenbau als Deckschicht verwendet. ***Gussasphalt*** ist hohlraumfrei und zeichnet sich durch einen hohen Anteil an Bitumen und Gesteinskörnern aus.

2

Beim Plasmabildschirm werden durch ***ionisiertes Edelgas*** (Plasma) Leuchtpunkte erzeugt, die verschiedenfarbiges Licht hervorbringen. Aus diesen Millionen von roten, grünen und blauen Lichtpunkten entsteht im Auge ein Bild. Bei TFT-Bildschirmen werden ***Flüssigkeitskristalle*** zur Bilddarstellung genutzt, während bei herkömmlichen Fernsehgeräten eine ***Elektronenröhre*** das Bild erzeugt.

3

Als Yellowcake wird ***pulverisiertes Uranoxidkonzentrat*** bezeichnet, das Grundstoff zur Weiterverarbeitung des Urans zu Brennelementen ist. ***Waffentaugliches Uran*** ist Uran 235, das sich leicht spalten und in Atomreaktoren oder Kernwaffen einsetzen lässt. Bei *„**schmutzigen Bomben**“* wird durch einen konventionellen Sprengsatz radioaktives Material in die Umgebung verteilt.

4

Ein Ionenmotor nutzt für den Vortrieb die Abstoßungskräfte zwischen geladenen Teilchen von Xenongas aus. Seine Energie bezieht er über Sonnenkollektoren. Diese Antriebstechnik wurde bei der ***Weltraummission*** der Mondsonde Smart 1 angewandt. Der ***Hybridmotor*** wird als wichtigster alternativer Antrieb für Kraftfahrzeuge angesehen und kann eine Kombination aus Benzin- und Elektromotor sein. Als ***Antrieb für Nanomaschinen*** wird derzeit mit einem Bakterienmotor experimentiert.

Frage

5

Wie bezeichnet man ein Gerät zur Projektion von Bildvorlagen?

- *Episkop*
- *Periskop*
- *Endoskop*

6

Wo wurde erstmals Beton als Baustoff verwendet?

- *im Römischen Reich*
- *auf dem Gebiet der heutigen Türkei*
- *in Vorderasien und Nordafrika*

7

Wie hieß das Schiff, mit dem im Jahr 1866 das erste transatlantische Telegrafenkabel erfolgreich verlegt wurde?

- *Britannia*
- *Mayflower*
- *Great Eastern*

8

Womit beschäftigt sich die Kryotechnik?

- *Verschlüsselung von Informationen*
- *Tieftemperaturen*
- *Recycling von Computerschrott*

Antwort

5

Das ***Episkop*** ist ein Projektionsapparat zur vergrößerten Wiedergabe von undurchsichtigen Positiv-Bildvorlagen auf einer Projektionsfläche. Ein ***Periskop*** ist eine bestimmte Bauform eines Fernrohrs mit ausfahrbarem senkrechtem Sehrohr, das besonders in U-Booten Verwendung findet. Ein ***Endoskop*** ist ein Gerät, mit dem das Innere von Hohlräumen untersucht werden kann.

6

Auf dem ***Gebiet der heutigen Türkei*** wurde schon vor 14 000 Jahren Kalkmörtel als Bindemittel beim Bauen verwendet. In ***Vorderasien und Nordafrika*** vermischten vor etwa 3000 Jahren die Phönizier den Mörtel mit vulkanischem Gestein und schufen damit einen Baustoff, der sogar unter Wasser aushärtete. Im ***Römischen Reich*** kam im 1. Jahrhundert v. Chr. das *opus caementitium* auf, womit man auch monumentale Bauwerke errichtete.

7

Im Juli 1866 konnte mit der vom britischen Ingenieur Isambard Kingdom Brunel konstruierten ***Great Eastern*** nach mehreren Anläufen das erste unterseeische Transatlantikkabel zwischen Irland und Neufundland verlegt werden. Die ***Britannia*** war eines der ersten Linienschiffe zwischen Europa und Amerika. Die ***Mayflowe***r brachte 1620 die ersten Pilgerväter nach Amerika.

8

Die Kryotechnik ist ein Bereich der Kältetechnik und umfasst Geräte und Verfahren zur Erzeugung, Messung und Nutzung von ***Tieftemperaturen.*** Kryorecycling ist ein Verfahren zur sortenreinen ***Trennung von Computerschrott.*** Die Kryptografie dient der ***Verschlüsselung von Informationen,*** z. B. durch Geheimschriften, und bildet zusammen mit der Kryptoanalyse die Kryptologie.

Frage

9

Als was wurde das Tesaband ursprünglich entwickelt?

- *transparente Verpackungsfolie*
- *Wundpflaster*
- *Datenträger*

10

In welcher Stadt werden Urmeter und Urkilogramm aufbewahrt?

- *London-Greenwich*
- *Sèvres*
- *Braunschweig*

11

In welchem dieser Alltagsgeräte kommt keine Lasertechnologie zum Einsatz?

- *Mobiltelefon*
- *DVD-Player*
- *Videoprojektor (Beamer)*

12

Worauf bezieht sich die Abkürzung CMYK?

- *auf Farben*
- *auf römische Zahlen*
- *auf chemische Elemente*

Antwort

9

Der Klebefilm Tesa entstand Ende des 19. Jahrhunderts, als man an der Entwicklung eines besser haftenden ***Wundpflasters*** arbeitete. Durch Zufall entdeckten 1998 zwei deutsche Physiker, dass man den Tesafilm auch als ***Datenträger*** nutzen kann. Die klare ***Verpackungsfolie*** Cellophan wurde 1908 von Jacques Edwin Brandenberger erfunden.

10

Im Internationalen Büro für Maß und Gewicht im französischen ***Sèvres*** werden das Urmeter und das Urkilogramm aufbewahrt. Der durch ***Greenwich*** verlaufende Meridian wurde als Nullmeridian festgelegt, und dessen Ortszeit gilt seit 1884 als Weltzeit oder Greenwich Mean Time (GMT). Die Physikalisch-Technische Bundesanstalt in ***Braunschweig*** hütet mit einer Atomuhr die für Deutschland genaue Uhrzeit und per Laserstrahl das Metermaß.

11

Die auf dem Markt befindlichen ***Videoprojektoren*** (Beamer) arbeiten vorwiegend mit Flüssigkeitskristallen (LCD) oder Leuchtdioden (LED). An einer Bildprojektion durch farbige Laser wird aber schon gearbeitet. In ***CD- und DVD-Playern*** kommen Halbleiterlaser zum Einsatz, und bei der neuesten Generation von ***Mobiltelefonen*** erfolgt die Bedienung teilweise per Lasersteuerung.

12

Die Abkürzung CMYK bezieht sich auf das ***Vierfarbendruckverfahren,*** bei dem die Farben Cyan (Blaugrün), Magenta (Purpur), Yellow (Gelb) und Key (Schwarz) zusammen das volle Farbspektrum ergeben. Bei den ***römischen Zahlen*** steht C für 100 und M für 1000; K und Y kommen nicht vor. Bei den ***chemischen Elementen*** steht C für Kohlenstoff, Y für Yttrium und K für Kalium; M kommt im Periodensystem nicht vor.

Frage

13

Wo wurde der erste längere Autobahnabschnitt der Welt eröffnet?

- *Köln*
- *Berlin*
- *Mailand*

14

Welches Material ist Bildträger der Daguerreotypie, einem 1839 erfundenen frühen Verfahren der Fotografie?

- *Papier*
- *Kupfer*
- *Eisen*

15

Auf wen geht die SI-Einheit Tesla für magnetische Flussdichte oder Induktion zurück?

- *französischer Physiker*
- *amerikanischer Ingenieur*
- *deutscher Physiker*

16

Was ist eine SI-Einheit?

- *Teil eines internationalen Maßeinheitensystems*
- *Angabe des Brennwerts von Lebensmitteln*
- *Bestandteil des internationalen Währungssystems*

Antwort

13

Der erste längere Autobahnabschnitt der Welt wurde 1924 in ***Mailand*** eröffnet und führte über Varese nach Como. Der Prototyp der Autobahnen mit zwei getrennten Richtungsfahrbahnen war die 1921 fertiggestellte, 10 km lange Avus in ***Berlin.*** Das erste längere Autobahn-Verbindungsstück in Deutschland zwischen ***Köln*** und Bonn wurde 1932 dem Verkehr übergeben.

14

Bildträger der von Jacques Mandé Daguerre (1787–1851) erfundenen Daguerreotypie ist eine ***Kupferplatte,*** die mit einer lichtempfindlichen Jodsilberschicht überzogen und dann belichtet wurde. ***Eisenblech*** ist der Bildträger für die um 1855 entwickelte Ferrotypie, während ***Papier*** bei vielen anderen Verfahren als Bildträger verwendet wird.

15

Der serbischstämmige ***amerikanische Ingenieur*** Nicola Tesla entdeckte die hochfrequenten Wechselströme mit hoher Spannung. Nach ihm wurde die Einheit für die magnetische Flussdichte oder Induktion Tesla (T) benannt. Nach dem ***französischen Physiker*** Antoine Henri Becquerel wurde die Maßeinheit für Radioaktivität (Bq) benannt und nach dem ***deutschen Physiker*** Georg Simon Ohm die Einheit des elektrischen Widerstands (Ω).

16

Die SI-Einheiten gehören zum ***internationalen Maß- und Einheitensystem,*** dem in den meisten Staaten vorgeschriebenen Normsystem. Zu den Basiseinheiten zählen Meter, Kilogramm, Sekunde, Ampére, Kelvin, Mol und Candela. Der ***Brennwert von Lebensmitteln*** wird in Joule (J) bzw. Kilojoule (kJ) angegeben. Nationale Währungseinheiten, wie Dollar oder Yen, sind ein Teil des ***internationalen Währungssystems.***

Frage

17

Wie heißt das europäische Satellitennavigationssystem, das 2012 in Betrieb gehen soll?

- *AWACS*
- *Galileo*
- *Glonass*

18

Welcher Preis gilt als die bedeutendste Auszeichnung für Architekten?

- *Pulitzer-Preis*
- *Pritzker-Preis*
- *Leibniz-Preis*

19

Welches Material ist die Grundlage für die Herstellung von Büttenpapier?

- *Papyrus*
- *Holzschliff*
- *Hadern*

20

Welches Werk gilt als das älteste erhaltene Druckwerk?

- *Gutenberg-Bibel*
- *Mentelin-Bibel*
- *Diamant-Sutra*

Antwort

17

Galileo heißt das europäische Positionsbestimmungs- und Navigationssystem unter ziviler Kontrolle. ***Glonass*** ist das satellitengestützte Positionsbestimmungssystem Russlands, das aber militärisch kontrolliert wird. Es ist das Pendant zum amerikanischen GPS. ***AWACS*** (Airborne Warning and Control System) ist ein flugzeuggestütztes Frühwarn- und Kontrollsystem der NATO.

18

Der ***Pritzker-Preis*** gilt als höchste Auszeichnung für Architekten. Er wurde von dem Unternehmer Jay A. Pritzker ausgelobt und ist mit 100 000 Dollar dotiert. Der ***Pulitzer-Preis*** wurde 1917 von Joseph Pulitzer gestiftet und wird für hervorragende journalistische Leistungen verliehen. Der ***Gottfried-Wilhelm-Leibniz-Preis*** ist der höchstdotierte deutsche Förderpreis für Spitzenforscher.

19

Büttenpapier wird aus einem verdünnten Faserbrei aus ***Hadern*** und Zellstoff hergestellt und wurde ursprünglich von Hand mit einem Sieb aus der Bütte geschöpft. Papyrus war der wichtigste Beschreibstoff des Altertums und wurde aus der ***Papyrusstaude*** gewonnen. ***Holzschliff*** wird durch mechanisches Verschleifen von Holz erzeugt und ist Grundstoff der modernen Papierherstellung.

20

Die als Holztafeldruck hergestellte chinesische ***Diamant-Sutra*** aus dem Jahr 868 gilt als das erste erhaltene Buchdruckerzeugnis der Menschheit. Die 1454 gedruckte ***Gutenberg-Bibel*** ist eines der bedeutendsten Werke von Johannes Gutenberg, dem Erfinder des Buchdrucks mit beweglichen Lettern. Die ***Mentelin-Bibel*** von 1466 ist die erste gedruckte Bibel in deutscher Sprache, geschaffen von dem Buchdrucker Johannes Mentelin in Straßburg.

Frage

21

Auf welcher Grundlage arbeitet ein Geothermiekraftwerk?

- *Erdgas*
- *Erdwärme*
- *Biomasse*

22

In welcher Stadt verkehrte die erste U-Bahn?

- *Budapest*
- *London*
- *Wien*

23

Welches dieser Kürzel bezeichnet ein Fernsehsystem?

- *DVB*
- *HDTV*
- *MPEG*

24

Für welchen Zweig der Biotechnologie sind Medizin und Pharmazie Anwendungs- und Forschungsbereiche?

- *Weiße Biotechnologie*
- *Rote Biotechnologie*
- *Blaue Biotechnologie*

Antwort

21

Ein Geothermiekraftwerk nutzt die im oberen (zugänglichen) Teil der Erdkruste gespeicherte ***Erdwärme***. Ein Biomassekraftwerk erzeugt Strom und/oder Fernwärme durch Verbrennung von ***Biomasse,*** z.B. von Holzspänen, Stroh oder Olivenkernen. Gasturbinenkraftwerke arbeiten mit ***Erdgas*** als Brennstoff für den Antrieb der Turbinen.

22

Als erste U-Bahn der Welt gilt die 1863 in ***London*** eröffnete Metropolitan Railway, die noch mit Dampfloks betrieben wurde. Pläne für eine U-Bahn gab es auch schon 1844 in ***Wien.*** Der Durchbruch für den U-Bahnbau kam mit der Elektrifizierung. Die erste elektrische U-Bahn fuhr 1890 in London. Die ***Budapester*** Metro von 1896 ist die älteste elektrisch betriebene U-Bahn auf dem europäischem Festland.

23

HDTV (High Definition Television) steht für ein Fernsehsystem, das sich im Gegensatz zu herkömmlichen (SDTV) durch höhere Auflösungen auszeichnet. ***DVB*** (Digital Video Broadcasting) ist ein internationales Projekt zur Entwicklung und Einführung von Systemen und Standards für das digitale Fernsehen. ***MPEG*** ist eine Expertengruppe (Moving Picture Expert Group), die sich mit der Standardisierung der Video- und Audiodatenkompression befasst.

24

Die ***Rote Biotechnologie*** umfasst die Gebiete molekulare Diagnostik, therapeutische Wirkstoffe und medizinische Geweberekonstruktion (Gewebezüchtung). Die ***Weiße Biotechnologie*** beschäftigt sich mit industriellen Produktionsprozessen und die ***Blaue Biotechnologie*** mit der technischen Verwertung von Prozessen und Organismen der marinen Biologie.

Frage

25

In welchem europäischen Land hat die Atomenergie den höchsten Anteil an der Stromerzeugung?

- *Italien*
- *Frankreich*
- *Litauen*

26

Was wird auf Grundlage des Haber-Bosch-Verfahrens hergestellt?

- *Benzin*
- *Stahl*
- *Ammoniak*

27

Womit wird der Transrapid angetrieben?

- *Wankelmotor*
- *Hybridmotor*
- *Linearmotor*

28

Welche Autos mit alternativem Antrieb erreichten 2006 in Deutschland die höchste Zulassungsrate?

- *Brennstoffzellenautos*
- *Erdgasautos*
- *Flüssiggasautos*

Antwort

25

Der Anteil der Kernenergie an der Stromerzeugung betrug nach Angaben der IAEA in ***Frankreich*** 78,1 %. Es folgte ***Litauen*** mit 72,1 %. An letzter Stelle stand ***Italien*** mit 0 %. 2005 waren in Europa 204 Kernkraftwerke in Betrieb.

26

Das 1910 von den deutschen Chemikern Fritz Haber und Carl Bosch entwickelte Haber-Bosch-Verfahren dient der ***Ammoniakgewinnung.*** Das Fischer-Tropsch-Verfahren zur großtechnischen Umwandlung von Synthesegas in ***Benzin*** und Öl wurde 1926 von Franz Fischer und Hans Tropsch entwickelt. Das Bessemer-Verfahren bezeichnet das 1855 von dem Briten Henry Bessemer entwickelte Verfahren zur ***Stahlerzeugung.***

27

Einschienensysteme, wie der Transrapid, werden von ***Linearmotoren*** angetrieben, bei denen elektrische Spulen unter dem Zug ein elektromagnetisches Wanderfeld erzeugen, das in Wechselwirkung mit einer Leiterschiene einen geradlinigen Längsschub hervorruft. Bei ***Hybridmotoren*** werden verschiedene Antriebsprinzipien für eine Antriebsaufgabe kombiniert, z. B. Elektro- und Dieselantrieb. Der 1954 entwickelte ***Wankelmotor*** ist ein Rotationsmotor, der nach seinem Erfinder Felix Wankel benannt wurde.

28

In Deutschland waren laut Kraftfahrt-Bundesamt im Jahr 2006 über 40 000 ***Flüssiggasautos*** zugelassen. Es folgten die ***Erdgasautos*** mit über 30 000 Zulassungen. Serienfahrzeuge mit ***Brennstoffzellenantrieb*** sind bisher noch nicht auf dem Markt; dieser Technologie wird aber das Potenzial eingeräumt, den Antriebssektor für Kraftfahrzeuge nachhaltig zu verändern.

Frage

29

Wo kommen Fullerene zur Anwendung?

- *Chipherstellung*
- *Nanotechnologie*
- *Medizin*

30

Was sind Nanobots?

- *Aufklärungs-roboter*
- *Miniaturroboter*
- *Elementarteilchen*

31

Was kann man mit dem Lotoseffekt erreichen?

- *optimalere Aero-dynamik bei Flug-zeugen*
- *selbstreinigende Oberflächen bei Gebäuden*
- *Verzögerung des Iterungs-prozesses*

32

In welchen Kraftwerken wird Sonnenenergie direkt über Solarzellen in Strom umgewandelt?

- *Solarturm-kraftwerke*
- *Fotovoltaik-anlagen*
- *Parabolrinnen-kraftwerke*

Antwort

29

Fullerene sind sphärische Moleküle aus Kohlenstoffatomen, die entstehen, wenn Kohlenstoff bei hoher Temperatur in sauerstofffreier Atmosphäre verbrannt wird. Sie wurden erstmals 1985 entdeckt und in der ***Nanotechnologie*** eingesetzt. An der Anwendung von Fullerenen in der ***Medizin*** wird derzeit geforscht. Bei der ***Chipherstellung*** kommt der Halbleiter Silizium zum Einsatz.

30

Nanobots heißen (noch hypothetische) ***Miniaturroboter,*** die im Körper Krankheiten aufspüren und bekämpfen sollen. Ihre Entwicklung ist ein Zweig der Nanotechnologie. Drohnen sind ***Aufklärungs- und Kampfroboter,*** die sich in der Luft, zu Land oder auf/unter Wasser autark bewegen können. Neutrinos sind elektrisch neutrale, masselose ***Elementarteilchen*** aus der Gruppe der Leptonen.

31

Durch die Nachbildung der Oberflächenstruktur von Lotosblättern ist es gelungen, ***selbstreinigende Oberflächen,*** etwa für Gebäudefassaden zu entwickeln. Zudem enthalten Lotossamen ein Enzym, das den ***Alterungsprozess*** der Pflanze verzögert. Die dafür verantwortlichen Gene konnten jedoch noch nicht isoliert werden. Mit Flugzeugtragflächen, die sich an der ***Aerodynamik*** von Vogelflügeln orientieren, wird derzeit experimentiert.

32

Nur in ***Fotovoltaikanlagen*** kann über Solarzellen aus dem Sonnenlicht direkt Strom erzeugt werden. Bei solarthermischen Kraftwerken wird mittels Energiebündelung über Sonnenkollektoren Wärme und Strom produziert. Bei ***Parabolrinnenkraftwerken*** erfolgt dies über rinnenartige Spiegel. Bei ***Sonnenturmkraftwerken*** wird Sonnenlicht über Heliostate auf eine Brennkammer gelenkt.

Frage

33

Was versteht man in der Fotografie unter einem Fisheye-Objektiv?

- *Superweitwinkel-objektiv*
- *Teleobjektiv*
- *Makroobjektiv*

34

Wie nennt man ein Schall-ortungsverfahren zur Peilung und Ortung von Objekten unter Wasser?

- *Radar*
- *Sonar*
- *Echolot*

35

Bei welchem Schiffstyp handelt es sich nicht um ein Segelschiff im eigentlichen Sinne?

- *Brigg*
- *Galeere*
- *Karacke*

36

Wodurch wurde ursprünglich eine Draisine angetrieben?

- *Elektromotor*
- *Muskelkraft*
- *Verbrennungs-motor*

Antwort

33

Das Fisheye-Objektiv (Fischaugenobjektiv) ist ein ***Superweitwinkelobjektiv*** mit extrem großem Bildwinkel. Es gibt das Bild in sphärischer Perspektive wieder, wobei der Bildausschnitt stark verzerrt wird. ***Teleobjektive*** sind für weite Aufnahmeabstände konstruiert und ***Makroobjektive*** für Nahaufnahmen mit sehr kurzem Aufnahmeabstand.

34

Das ***Sonar*** ist eine Schallmesstechnik, mit der Gegenstände unter Wasser geortet und vermessen werden können. Es dient v. a. zur Ortung von U-Booten, Minen, Untiefen und Eisbergen. ***Radar*** ist ein Verfahren, Objekte durch das Aussenden elektromagnetischer Wellen zu orten. Das ***Echolot*** ist ein in der Nautik verwendetes Gerät zur akustischen Messung von Fluss- und Meerestiefen.

35

Eine ***Galeere*** war ein Ruderkampfschiff, das bis zum 18. Jahrhundert vor allem im Mittelmeer eingesetzt wurde. Die ***Karacke*** war ein Segelschiffstyp, der vom 14. bis zum 17. Jahrhundert für Kriegs- und Handelsschiffe genutzt wurde. Die ***Brigg*** ist ein heute noch gebräuchliches Segelschiff mit zwei rahgetakelten Masten und einem zusätzlichen Gaffelsegel am Großmast.

36

Die von Carl Drais 1817 erfundene Laufmaschine, Draisine genannt, wurde mit ***Muskelkraft*** vorwärtsbewegt. Die Eisenbahn-Draisine, ein vierrädriges Schienenfahrzeug für Bahnarbeiter, wurde 20 Jahre später erfunden. Die Konstruktion des Laufrads gilt als Vorläufer des Fahrrads und schließlich auch des mit einem ***Verbrennungsmotor*** angetriebenen Motorrads. An der Entwicklung von ***elektrobetriebenen*** Schienenfahrzeugen wurde schon seit 1835 gearbeitet.

Frage

37

Welches Metall wird nicht durch Verhüttung gewonnen?

- *Zink*
- *Blei*
- *Aluminium*

38

Was ist ein Blimp?

- *Eindecker*
- *Luftschiff*
- *Flugboot*

39

In welchem der genannten europäischen Länder fährt die Eisenbahn nicht auf einer Breitspur?

- *Spanien*
- *Griechenland*
- *Irland*

40

Wie nennt man die einzelnen Bildpunkte eines Fotosensorchips einer Digitalkamera?

- *Pits*
- *Lands*
- *Pixel*

Antwort

37

Wichtigster Rohstoff für die ***Aluminiumgewinnung*** ist Bauxit. Aus diesem wird zunächst wasserfreies und möglichst reines Aluminiumoxid (Al_2O_3) gewonnen, das anschließend in einer Kryolithschmelze gelöst und im Söderberg-Ofen elektrolytisch zersetzt wird. ***Zink*** gewinnt man ebenso wie ***Blei*** durch Verhüttung, d.h. hier durch Erhitzen von Erz in einer reduzierenden Atmosphäre.

38

Blimps oder Prallluftschiffe sind ***Luftschiffe*** ohne ein inneres Gerüst, die ihre Form nur durch den Innendruck auf die Außenhülle erhalten. Starrluftschiffe haben dagegen ein Innenskelett. ***Flugboote*** sind große Flugzeuge mit einem schwimmfähigen Rumpf. ***Eindecker,*** auch Monoplane genannt, sind Flugzeuge mit einer Tragfläche bzw. einem Paar Tragflügel.

39

In ***Griechenland*** fährt die Eisenbahn, wie die meisten anderen europäischen Eisenbahnen, auf der Normal- oder Regelspur von 1435 mm. Die ***spanische*** Eisenbahn benutzt mit Ausnahme der Strecken des Hochgeschwindigkeitsverkehrs AVE die Breitspur von 1668 mm, während in ***Irland*** eine Spurbreite von 1600 mm verwendet wird.

40

Der Chip einer Digitalkamera besteht aus einzelnen Fotozellen, von denen jede einen ***Bildpunkt (Pixel)*** erzeugt. Eine kamerainterne Bildbearbeitungssoftware setzt dann aus den Millionen Bildpunkten das vollfarbige Bild zusammen. Als ***Lands*** werden die Erhöhungen und als ***Pits*** die Vertiefungen auf einer DVD bezeichnet, die der Laserstrahl des Abspielgeräts abtastet.

Frage

41

Wie nennt man bei einem gewebten Stoff die horizontal verlaufenden Fäden?

- *Schuss*
- *Filament*
- *Kette*

42

Welche Glassorte kommt als Sicherheitsglas zum Einsatz?

- *Floatglas*
- *Verbundglas*
- *Kieselglas*

43

Was ist ein Quad?

- *dreirädriges, offenes Fahrzeug*
- *geländegängiger PKW*
- *vierrädriges Motorrad*

44

Was versteht man unter einem Hydrofoil?

- *Luftkissenfahrzeug*
- *Tragflächenboot*
- *Wassermotorrad*

Antwort

41

Die horizontalen Fäden in einem Webstoff werden als ***Schuss*** bezeichnet. Sie werden mit der längs verlaufenden ***Kette*** rechtwinklig durchwirkt. Ein ***Filament*** ist eine Endlosfaser und bezeichnet bei der Chemiefaserherstellung synthetische Fasern, die theoretisch endlos ausgesponnen werden können.

42

Verbundglas ist ein äußerst widerstandsfähiges Glas aus mit einem elastischen Klebstoff verklebten, transparenten und abriebfesten Glasplatten. ***Floatglas*** entsteht durch ein Verfahren, bei dem die Glasschmelze auf ein Bad aus flüssigem Zinn fließt. Das Glas muss anschließend weder poliert noch geschliffen werden und hat eine hohe optische Qualität. ***Kieselglas*** ist ein Geräteglas, gewonnen durch Aufschmelzen von Quarzsand.

43

Quads oder ATV (All Terrain Vehicle) sind Motorräder mit vier Rädern und voluminösen Reifen, die als Gelände- oder Sportfahrzeuge genutzt werden. ***Dreirädrige, offene Straßenfahrzeuge*** mit einem Vorderrad und zwei Hinterrädern werden Trikes oder Tribikes genannt. Ein SUV (Sports Utility Vehicle) ist ein großer, allradgetriebener und ***geländegängiger PKW.***

44

Hydrofoil ist die englische Bezeichnung für ein ***Tragflächenboot,*** die aber auch im deutschen Sprachraum verwendet wird. ***Luftkissenfahrzeuge*** werden häufig Hovercraft genannt. Die 1973 auf den Markt gekommenen ***Wassermotorräder*** sind eher unter dem Namen Jetski geläufig.

Frage

45

Welches lithografische Reproduktionsverfahren kommt in der Halbleitertechnik zur Anwendung?

- *Nanolithografie*
- *Fotolithografie*
- *Chromolithografie*

46

Welches Akronym bezeichnet einen Senkrechtstarter?

- *VTOL*
- *STOL*
- *STOVL*

47

Wozu dient bei einer Offshore-Windkraftanlage der Opferstein?

- *Blitzschutz*
- *Überlastungsschutz*
- *Korrosionsschutz*

48

Welche Abkürzung steht für rechnergestütztes Konstruieren?

- *CAD*
- *CAM*
- *CAE*

Antwort

45

Bei der ***Fotolithografie*** werden mittels Belichtung Muster auf Materialien aufgebracht, um mit deren Hilfe Mikrostrukturen für die Halbleitertechnik zu erzeugen. Die ***Chromolithografie*** ist eine 1837 patentierte farbige Form der Steinlithografie. Unter ***Nanolithografie*** versteht man die Erzeugung von vertikalen und lateralen Strukturen, deren Dimensionen im Nanobereich liegen.

46

Das Akronym ***VTOL*** (Vertical Take-Off and Landing) bezeichnet Flugzeuge, die senkrecht ohne Start- und Landebahn starten und landen können, also Senkrechtstarter sind. ***STOL*** (Short Take-Off and Landing) sind Kurzstartflugzeuge und ***STOVL*** (Short Take-Off and Vertical Landig) Kurzstartflugzeuge, die senkrecht landen können.

47

Ein Opferstein dient dazu, den im Wasser befindlichen Teil der Windräder vor ***Korrosion*** durch aggressives Meereswasser zu schützen. Zum Schutz vor ***Überlastung*** werden ab Windstärke 10 bis 12 die Rotorblätter automatisch so ausgerichtet, dass sie nur noch eine geringe Angriffsfläche für den Wind bieten. Für den ***Blitzschutz*** kommen unterschiedliche Systeme zum Einsatz, die aber bisher noch keinen optimalen Schutz bieten können.

48

Das Kürzel ***CAD*** steht für Computer Aided Design und bezeichnet das rechnergestützte Konstruieren. ***CAE*** steht für Computer Aided Engineering und bezeichnet die computergestützte Entwicklung und Simulation von Produkten. ***CAM*** ist die Kurzform für Computer Aided Manufacturing und bezieht sich auf die direkte Steuerung von Produktionsanlagen sowie der unterstützenden Transport- und Lagersysteme.

Frage

1

Was ist ein Semaphor?

- *System zur optischen Nachrichten-übermittlung*
- *mechanische Rechenhilfe*
- *Winkelmessgerät*

2

Welche der genannten Abkürzungen bezeichnet einen drahtlosen Internet-zugang?

- *WWW*
- *WLAN*
- *WEP*

3

Womit beschäftigen sich Blogger?

- *Publizieren von Online-Tage-büchern*
- *Verändern von Computersoftware*
- *virtuelle Kommu-nikation in Echtzeit*

4

Wozu wird ein Teleprompter verwendet?

- *Ablesen von Texten*
- *Übertragung von Nachrichten*
- *Sternbeobach-tung*

Antwort

1

Ein Semaphor ist ein Signalmast oder ein Winksignal zur ***Übermittlung optischer Zeichen***, etwa zum Anzeigen der Windstärke und -richtung für die Küstenschifffahrt. Der Abakus ist ein etwa 1100 v. Chr. in China erfundenes mechanisches ***Rechengerät.*** Der Sextant ist ein ***Winkelmessgerät,*** mit dem man den Winkelabstand eines Gestirns vom Horizont bestimmen kann.

2

Das Kürzel ***WLAN*** (Wireless Local Area Network) bezeichnet ein drahtloses lokales Funknetz, das u. a. einen kabellosen Zugang zum Internet ermöglicht. Die Abkürzung ***WWW*** steht für das World Wide Web, also das Internet, und ***WEP*** (Wireless Equivalent Privacy) ist eine Verschlüsselungstechnik für WLAN, die den Zugang zum Netz regelt und die Integrität der Daten gewährleisten soll.

3

Blogger sind Autoren von eigenständig publizierten, stets aktuellen ***Online-Tagebüchern,*** sogenannten Blogs – eine Abkürzung des Begriffs weblog, zusammengesetzt aus web = Netz und log = (Tage-)Buch. Chats sind ***virtuelle Unterhaltungen*** von zwei oder mehreren Personen (Chattern) via Internet in Echtzeit. Hacker beschäftigen sich mit dem ***Erstellen oder Verändern von Software*** oder der Überlistung von Computersicherheitssystemen.

4

Der Teleprompter ist ein für den Zuschauer unsichtbares Gerät zum ***Ablesen von Texten*** für Fernsehmoderatoren. Er wurde in den 1950er-Jahren von Irving B. Kahn erfunden. Der heute kaum noch gebrauchte Telegraf oder Fernschreiber diente zur ***Übermittelung von Nachrichten*** in Textform mittels elektrischer Signale. Teleskope (Fernrohre) werden zur ***Sternbeobachtung*** eingesetzt.

Frage

5

Durch wen gelangte der IBM-Rechner Deep Blue zu weltweiter Bekanntheit?

- *Bobby Fischer*
- *Garri Kasparow*
- *Anatoli Karpow*

6

Auf welcher Erfindung basiert wesentlich das World Wide Web?

- *HTML*
- *FTP*
- *UMTS*

7

Was bezeichnet der Begriff Bluetooth?

- *kostenloser Webbrowser*
- *digitaler Assistent*
- *Standard zur drahtlosen Vernetzung von Geräten*

8

Was sind sogenannte White Hats?

- *Hacker*
- *Kapitalgeber bei feindlichen Übernahmen*
- *weiße Unterschicht in den USA*

Antwort

5

Deep Blue heißt der Computer, dem es im Jahr 1996 erstmals gelang, einen amtierenden Schachweltmeister, ***Garri Kasparow***, in einer Partie zu besiegen. Das Turnier gewann aber Kasparow. Die Revanche im Mai 1997 entschied Deep Blue für sich. ***Bobby Fischer*** war von 1972 bis 75 und ***Anatoli Karpow*** von 1975 bis 85 Schachweltmeister.

6

1989 definierte der Brite Tim Berner-Lee die Hypertext Markup Language, kurz ***HTML.*** Damit schuf er die Grundlage zur weltweiten Verknüpfung von Daten über das Internet und zum raschen Austausch von Informationen. ***FTP*** (File Transfer Protocol) bezeichnet einen Datenübertragungsdienst im Internet. ***UMTS*** (Universal Mobile Telecommunications System) ist die Abkürzung für einen Mobilfunkstandard.

7

Bluetooth ist ein in den 1990er-Jahren entwickelter industrieller Standard zur drahtlosen ***Vernetzung von Geräten*** über kurze Distanzen. ***PDA (Personal Digital Assistent)*** bezeichnet einen Kleincomputer, mit dem man E-Mails versenden, telefonieren oder Kalender verwalten kann. ***Kostenlose Webbrowser,*** wie Firefox, stellen eine beliebte Alternative zum Explorer von Microsoft dar.

8

White Hats sind ***Hacker,*** die nach Sicherheitsmängeln in fremden Systemen suchen, diese aber, im Gegensatz zu den kriminellen Black Hats, freiwillig und kostenlos den Betroffenen mitteilen. Als „weißer Ritter" werden ***Kapitalgeber*** bezeichnet, die Unternehmen zur Hilfe kommen, um eine feindliche Übernahme abzuwehren. White Trash ist eine abwertende Bezeichnung für ***Angehörige der weißen Unterschicht*** in den USA.

Frage

9

Wie nennt man ein sich selbst verbreitendes Störprogramm im Computer?

- *Spam*
- *Trojaner*
- *Virus*

10

Welches der aufgeführten europäischen Länder hat den höchsten Anteil an Internetnutzern?

- *Griechenland*
- *Österreich*
- *Island*

11

Wo wurden die ersten regelmäßigen Radiosendungen ausgestrahlt?

- *Den Haag*
- *Pittsburgh*
- *Berlin*

12

Welches war der erste Satz, der 1861 über den Telefonapparat von Philipp Reis weitergegeben wurde?

- *„Nach mir die Sintflut."*
- *„Das Pferd frisst keinen Gurkensalat."*
- *„Der Würfel ist gefallen."*

Antwort

9

Ein ***Computervirus*** ist ein sich selbst vermehrendes Programm, das sich in andere Programme einschleust, sich dort reproduziert und unkontrollierbare Veränderungen am Status von Hard- und Software vornimmt. Ein Trojanisches Pferd oder ***Trojaner*** ist ein unerwünschtes oder schädliches Programm, das, als nützliche Anwendung getarnt, im Hintergrund ohne Wissen des Anwenders andere Funktionen erfüllt. ***Spams*** sind massenhaft versandte unverlangte Nachrichten (meist Werbung).

10

In ***Island*** nutzten laut statistischen Angaben aus dem Jahr 2005 etwa 82% der 16- bis 74-Jährigen das Internet, in ***Österreich*** waren es 52% und in ***Griechenland*** gerade einmal 20%. In Deutschland sollen rund 60% der Bevölkerung online sein.

11

Die erste regelmäßige Radiosendung kam aus einer Privatwohnung in ***Den Haag*** und wurde von dem Fabrikanten Hanso Schotanus à Steringa Idzerda am 6. November 1919 ausgestrahlt. Die erste kommerzielle Radiostation nahm 1920 in ***Pittsburgh*** (USA) ihren Betrieb auf. Ab dem 29. Oktober 1923 wurde aus ***Berlin*** das erste regelmäßige Rundfunkprogramm gesendet.

12

Als Philipp Reis im Jahr 1861 den von ihm entwickelten Vorläufer des Telefons in Frankfurt vorstellte, wählte er wegen der besseren Nachprüfbarkeit der Übermittlung den Sinnlos-Satz ***„Das Pferd frisst keinen Gurkensalat“***. ***„Der Würfel ist gefallen“*** sagte angeblich Caesar, bevor er 49 v. Chr. mit seinem Heer den Fluss Rubikon überschritt. Der Ausspruch ***„Nach mir die Sintflut“*** stammt von der Marquise de Pompadour.

Frage

13

In welchem Bereich ist das Mooresche Gesetz relevant?

- *Computerindustrie*
- *Lerntheorie*
- *Genetik*

14

Was versteht man unter dem Begriff Podcast?

- *Mediendatei im Internet*
- *Dateiformat zur Datenkompression*
- *Gerät zur Wiedergabe von Musikdateien*

15

Welche Art Daten werden in die neuen deutschen Reisepässe aufgenommen?

- *biomorphe Daten*
- *bionische Daten*
- *biometrische Daten*

16

Welches geheimnisumwitterte Gerät befand sich während des Zweiten Weltkriegs in Bletchley Park?

- *Enigma*
- *Colossus*
- *Mark I*

Antwort

13

Das Mooresche Gesetz, Mitte der 1960er-Jahre von Gordon E. Moore veröffentlicht, besagt, dass sich die Zahl der Transistoren auf einem Siliziumchip und damit die Rechenleistung eines ***Computers*** etwa alle 18 Monate verdoppelt. Die Mendelschen Gesetze beschreiben die Vererbung von Merkmalen und sind ein Grundstein der ***Genetik.*** Der vom russischen Physiologen Iwan Pawlow untersuchte und nach ihm benannte Pawlowsche Reflex belegt die ***Lerntheorie*** der Klassischen Konditionierung.

14

Podcast ist ein Kunstwort aus den Wörtern iPod und Broadcasting und bezeichnet das Angebot von ***Mediendateien,*** wie Audio- und Videodateien, im Internet. Das Dateiformat MP3 dient der ***Datenkompression.*** Der iPod ist ein MP3-Player von Apple, auf dem ***Musikdateien*** und neuerdings auch Videos abgespielt werden können.

15

Die neuesten deutschen Reisepässe enthalten als zusätzliches Sicherheitselement ***biometrische Daten*** zum computergestützten Erkennen des Inhabers. ***Bionische Daten*** werden verwendet, um Baupläne und Wirkungsweisen der Natur auf die Technik zu übertragen. Der ***Biomorphismus*** generiert der Natur entlehnte Formen, z.B. im Design, in der Architektur oder in der Kunst.

16

Um die deutschen Geheimcodes dechiffrieren zu können, entwickelte ein Team unter Leitung von Alan Turing im englischen Bletchley Park den Codeknacker ***Colossus,*** mit dem es auch gelang, die codierten Nachrichten des deutschen Chiffriergeräts ***Enigma*** zu entschlüsseln. Alan Turing war auch an der Entwicklung des in den 1940er-Jahren entwickelten ersten Großrechners ***Mark I*** beteiligt.

Frage

17

Bei welchem Kürzel handelt es sich nicht um einen Mobilfunkstandard?

- *UMTS*
- *GSM*
- *GPS*

18

Welches ist keine Programmiersprache?

- *Prolog*
- *Java*
- *Blu-ray*

19

Was verbirgt sich hinter E-Call?

- *Notrufsystem*
- *virtuelles Einkaufen*
- *Internettelefonie*

20

Wer sind Larry Page und Sergei Brin?

- *Erfinder eines Computerbetriebssystems*
- *Begründer einer Suchmaschine*
- *Gründer eines Computerunternehmens*

Antwort

17

Die Abkürzung ***GPS*** (Global Positioning System) steht für das vom US-Militär entwickelte und 1995 offiziell in Betrieb genommene satellitengestützte globale Ortungssystem. ***GSM*** steht für Global System Mobile Communication und bezeichnet einen heute genutzten Mobilfunkstandard, der von ***UMTS*** (Universal Mobile Telecommunications System) abgelöst werden soll.

18

Blu-ray-Disc gilt als designierter Nachfolger der DVD als Speichermedium mit deutlich höherer Speicherkapazität (bis 50 GB) und steht in Konkurrenz zur HD DVD und HD VMD. ***Prolog*** (Programming in Logic) ist eine Anfang der 1970er-Jahre entwickelte logische Programmiersprache für künstliche Intelligenz. ***Java*** ist eine objektorientierte Programmiersprache für plattformunabhängige Internetanwendungen.

19

Mit dem automatischen ***Notrufsystem*** E-Call, das ab 2009 in alle Neufahrzeuge eingebaut werden soll, wird nach einem Unfall selbsttständig ein Notruf an eine Notrufzentrale abgesetzt. E-Commerce wird der ***virtuelle Einkaufsvorgang*** mittels Datenfernübertragung genannt. Die ***Internettelefonie*** wird auch als VoIP (Voice over I. P. = Stimme über das Internet-Protocol) bezeichnet.

20

Die Informatikstudenten Larry Page und Sergei Brin gründeten Ende der 1990er-Jahre die ***Suchmaschine*** Google. Der Finne Linus Torvalds ist der Chefentwickler des nach ihm benannten UNIX-ähnlichen ***Computerbetriebssystems*** Linux, dessen erste Version er 1991 zur Verfügung stellte. Steve Jobs und Steve Wozniak sind die Gründer des ***Computerunternehmens*** Apple.

Frage

21

Hinter welchem der Begriffe verbirgt sich ein Computerbetriebssystem?

- *Viiv*
- *Vista*
- *Widget*

22

Wie nennt man die Zugangsberechtigung ins Internet oder in ein zugangslimitiertes IT-System?

- *Browser*
- *Account*
- *Homepage*

23

Wie werden die globalen „schwarzen Bretter" im Internet genannt?

- *Chatroom*
- *Newsgroup*
- *Posting*

24

Wann ging die erste Telefonverbindung in Deutschland in Betrieb?

- *1876*
- *1877*
- *1901*

Antwort

21

Vista ist das 2007 auf den Markt gekommene Computerbetriebssystem von Microsoft und Nachfolger von Windows XP. ***Viiv*** ist eine neue Chipgeneration des größten Chipherstellers Intel, die auf der Doppelkernprozessortechnik basiert. ***Widgets*** sind eigenständige Miniatur- oder Hilfsprogramme mit Fenstern, die dem Computeranwender einen praktischen Zusatznutzen bieten.

22

Ein Nutzerkonto oder ***Account*** ist die Zugangsberechtigung zu einem zugangsbeschränkten Onlinedienst oder zu Computersystemen. Dazu muss man sich in der Regel beim Login mit einem Passwort und Benutzernamen authentisieren. Die ***Homepage*** ist die Startseite einer Website, die erscheint, wenn man eine Webadresse aufruft. ***Browser*** genannte Programme dienen dem Betrachten von Websites im Internet.

23

Newsgroups sind globale „schwarze Bretter“. Interessengruppen formieren sich hier innerhalb von moderierten oder unmoderierten Newsgroups, um Informationen oder Meinungen zu bestimmten Themen auszutauschen. ***Posting*** bezeichnet eine Mitteilung innerhalb einer Newsgroup. Ein ***Chatroom*** ist ein virtueller Ort, wo ein Chat mit mehreren Nutzern stattfindet.

24

Am 26. Oktober ***1877*** wurden mit den Telefongeräten, die Alexander Graham Bell ***1876*** in Boston (Mass.) zur Marktreife gebracht hatte, in Berlin die erste deutsche Telefonverbindung in Betrieb genommen, die damals zwei Kilometer lang war. ***1901*** gelang Guglielmo Marconi erstmals eine transatlantische funktelegrafische Verbindung vom englischen Cornwall nach Neufundland.

Frage

1

Wo erfand man den Seismografen?

- *China*
- *Deutschland*
- *USA*

2

Aus welchem Jahr stammt die erste urkundliche Nachricht von einer mechanischen Rechenmaschine?

- *1623*
- *1645*
- *1673*

3

Welcher Konstrukteur eines Mikroskops entdeckte die Pflanzenzelle als Baustein des Lebens und gab ihr ihren heutigen Namen?

- *Ernst Abbe*
- *Antony van Leeuwenhoek*
- *Robert Hooke*

4

Welche bahnbrechende Erfindung in der Fototechnik ist mit dem Namen Oskar Barnack verbunden?

- *Rollfilmkamera*
- *Kleinbildkamera*
- *Sofortbildkamera*

Antwort

1

Der wahrscheinlich älteste Seismograf stammt aus ***China*** und wurde um 132 vom Astronomen Zhang Heng gebaut. Es war eine bewegungsempfindliche Bronzevase mit nach außen gerichteten Drachenköpfen. Jeder der Köpfe hatte eine Kupferkugel im Maul, die er bei einer Erdbewegung in Richtung des Bebens ausspie. Den ältesten, noch heute betriebenen Seismografen baute der ***Deutsche*** Emil Wiechert 1902. Der ***Amerikaner*** Charles Francis Richter entwickelte 1935 die nach ihm benannte Richterskala.

2

Die erste mechanische Rechenmaschine wurde ***1623*** von Wilhelm Schickard beschrieben. Die erste noch existierende Rechenmaschine mit dem Namen Pascaline führte der Franzose Blaise Pascal ***1645*** vor. ***1673*** stellte Gottfried Wilhelm Leibniz eine von ihm entwickelte Staffelwalzenmaschine der Londoner Royal Society vor.

3

Der Brite ***Robert Hooke*** konstruierte 1665 als Erster ein zweilinsiges Mikroskop und entdeckte damit die pflanzliche Zelle. Er gab ihr nach der lateinischen Bezeichnung für Kammer (cella) ihren heutigen Namen. ***Antony van Leeuwenhoek*** war 1680 in der Lage, Mikroskope mit bis zu 270-facher Vergrößerung zu bauen. ***Ernst Abbe*** löste um 1870 das Problem der Farbverzerrung bei Mikroskoplinsen.

4

Oskar Barnack konstruierte 1912 einen Prototyp der Leica, die 1925 als erste ***Kleinbildkamera*** auf den Markt kam. Die erste ***Rollfilmkamera*** mit der Bezeichnung Kodak Nr. 1 wurde 1888 von George Eastman entwickelt. Die 1947 vorgestellte ***Polaroid-Sofortbildkamera*** ist eine Erfindung des Amerikaners Edwin Herbert Land.

Frage

5

Wer war Wegbereiter der modernen Kältetechnik?

- *Carl Ritter*
- *Carl Bosch*
- *Carl von Linde*

6

Auf wen geht die Erfindung des Quecksilberbarometers zurück?

- *Evangelista Torricelli*
- *Alessandro Volta*
- *Guglielmo Marconi*

7

Der schwedische Erfinder des Dynamits und der Sprenggelatine und Stifter des nach ihm benannten Preises, Alfred Nobel, zählte eine Pazifistin zu seinen engen Vertrauten. Wer war diese Frau?

- *Clara Zetkin*
- *Florence Nightingale*
- *Bertha von Suttner*

8

Wer gilt als der letzte Universalgelehrte im deutschen Sprachraum?

- *Hermann von Helmholtz*
- *Carl Friedrich von Weizsäcker*
- *Rudolf Steiner*

Antwort

5

1873 entwickelte ***Carl von Linde*** eine Kompressionskältemaschine mit Methyläther als Kühlmittel und 1876 eine Kühlmaschine, die mit Ammoniak arbeitete. Auf diesen Erfindungen basiert der Kühlschrank bzw. die Klimaanlage. ***Carl Bosch*** entwickelte mit Fritz Haber 1910 das Haber-Bosch-Verfahren zur Ammoniakgewinnung. ***Carl Ritter*** (1779–1859) gilt als Begründer der wissenschaftlichen Geografie.

6

Der Physiker und Mathematiker ***Evangelista Torricelli*** (1608–1647) entdeckte das Funktionsprinzip des Quecksilberbarometers. Der Physiker ***Alessandro Volta*** entwickelte 1794 den Vorläufer der Batterie. ***Guglielmo Marconi*** erfand 1895 die geerdete Sendeantenne und ist ein Pionier der drahtlosen Telekommunikation.

7

Schon 1876 lernte die Friedensnobelpreisträgerin von 1905, ***Bertha von Suttner,*** den Chemiker und Industriellen Alfred Nobel kennen. Er unterstützte später sehr ihr pazifistisches Engagement. ***Clara Zetkin*** (1857–1933) war eine einflussreiche sozialistische deutsche Politikerin. ***Florence Nightingale*** (1820–1910) war eine britische Pionierin der modernen Krankenpflege.

8

Der 2007 verstorbene Physiker, Philosoph und Friedensforscher ***Carl Friedrich von Weizsäcker*** gilt als der letzte Universalgelehrte im deutschen Sprachraum. Zu den späten Universalgelehrten (Polyhistoren) zählen auch der 1925 verstorbene ***Rudolf Steiner,*** der auf den Gebieten der Naturwissenschaften und Philosophie tätig war, und der Mediziner, Physiker, Chemiker und Musiktheoretiker ***Hermann von Helmholtz,*** der 1894 verstarb.

Frage

9

Welchem berühmten Wissenschaftler wird bis heute vorgeworfen, astronomische Beobachtungen manipuliert und Ergebnisse anderer Forscher als eigene ausgegeben zu haben?

- *Claudius Ptolemäus*
- *Tycho Brahe*
- *Nikolaus Kopernikus*

10

Welcher dieser Wissenschaftler erhielt erstmals Nobelpreise in zwei unterschiedlichen Kategorien?

- *Frederick Sanger*
- *John Bardeen*
- *Marie Curie*

11

Wer ist der Konstrukteur des Sturmgewehrs AK 47?

- *Bartolomeo Beretta*
- *Carl Walther*
- *Michail Kalaschnikow*

12

Wer gilt als der vielseitigste und produktivste Erfinder des 19. Jahrhunderts?

- *Gottfried Daimler*
- *Joseph Monier*
- *Thomas Edison*

Antwort

9

Dem griechischen Mathematiker und Astronomen ***Claudius Ptolemäus*** (um 100–um 160) wird vorgeworfen, dass die angeblich von ihm selbst gemachten astronomischen Beobachtungen fiktiv seien oder vom Astronomen Hipparchos von Nikaia übernommen worden sind. Schon der Astronom ***Tycho Brahe*** hatte um 1600 diesen Betrugsverdacht erhoben. ***Nikolaus Kopernikus*** (1473–1543) ist Begründer des heliozentrischen Weltbilds.

10

Marie Curie erhielt 1903 den Nobelpreis für Physik und 1911 den Nobelpreis für Chemie. ***Frederick Sanger*** bekam 1958 und 1980 den Nobelpreis für Chemie und ***John Bardeen*** 1956 und 1972 den Nobelpreis für Physik.

11

Der russische Waffenkonstrukteur ***Michail Kalaschnikow*** entwickelte 1947 mit dem Sturmgewehr AK 47 die bis heute meistproduzierte Waffe der Welt. ***Bartolomeo Beretta*** war Mitte des 16. Jahrhunderts Büchsenmacher in Venedig und gilt als der Begründer der ältesten Rüstungsfirma der Welt. ***Carl Walther*** gründete 1886 die gleichnamige Waffenfabrik, die heute zu den führenden Produzenten von Schusswaffen zählt.

12

Thomas Alva Edison gilt mit seinen 1093 Patenten, die er allein in den USA anmeldete, als „Vater der Erfindung im Team". Er gründete 1876 ein Entwicklungslabor, in dem er an produktionsreifen Erfindungen arbeitete, wie dem Phonographen oder der Nickel-Cadmium-Batterie. Der französische Ingenieur ***Joseph Monier*** erfand 1849 den Stahlbeton, und ***Gottlieb Daimler*** entwickelte Ende des 19. Jahrhunderts die ersten funktionsfähigen Kraftfahrzeuge moderner Bauart und das erste Motorboot.

Frage

13

Für welche wissenschaftliche Leistung erhielt Albert Einstein den Nobelpreis?

- *Theorie zur Brownschen Molekularbewegung*
- *Allgemeine Relativitätstheorie*
- *fotoelektrischer Effekt*

14

Welche Erfindung wurde am ersten Verkaufstag im Jahr 1939 innerhalb von drei Stunden 4000 Mal verkauft?

- *Rasierklinge*
- *Schnellkochtopf*
- *Nylonstrümpfe*

15

In welchem Jahr wurde das erste manövrierfähige Unterwasserfahrzeug gebaut?

- *1620*
- *1776*
- *1801*

16

Wer konstruierte den ersten Sicherheitsaufzug?

- *Werner von Siemens*
- *Elisha Graves Otis*
- *Robert Schindler*

Antwort

13

Alle drei wissenschaftlichen Leistungen gehen auf Albert Einstein zurück, wobei er für die Entdeckung des ***fotoelektrischen Effekts*** im Jahr 1921 den Nobelpreis erhielt. Seine ***Theorie zur Brownschen Molekularbewegung*** wie auch seine Arbeit über den fotoelektrischen Effekt stammt aus dem Jahr 1905. Die ***Allgemeine Relativitätstheorie*** veröffentlichte Einstein 1916.

14

Am 24. Oktober 1939 fand in Wilmington (USA) ein erster Probeverkauf von 4000 ***Damenstrümpfen aus Nylonfaser*** statt, die innerhalb von nur drei Stunden verkauft waren. Der ***Schnellkochtopf*** bzw. Dampfdruckkochtopf wurde schon 1679 von Denis Papin erfunden. Die ***Rasierklinge*** und der dazugehörige Rasierapparat zur Nassrasur geht auf King Camp Gillette zurück, der beides in den 90er-Jahren des 19. Jahrhunderts entwickelte.

15

Im Jahr ***1620*** baute der niederländische Erfinder Cornelis Jacobszoon Drebbel das erste manövrierfähige Unterwasserfahrzeug, ein mit Leder bezogenes Holzboot. ***1776*** konstruierte der Amerikaner David Bushnell aus Eisen und Holz die „Turtle", das erste richtige U-Boot mit handbetriebenem Schraubenantrieb, und ***1801*** schuf Robert Fulton mit der „Nautilus" ein U-Boot mit Seiten- und Tiefensteuerung sowie einem Druckluftsystem.

16

1853 präsentierte ***Elisha Graves Otis*** seinen ersten Sicherheitsaufzug der Öffentlichkeit. ***Werner von Siemens*** stellte 1880 auf der Pfalzausstellung den ersten elektrisch betriebenen Aufzug vor. Der Schweizer ***Robert Schindler*** begründete 1874 in Luzern die inzwischen zweitgrößte Produktionsfirma von Aufzugsanlagen und Fahrtreppen.

Frage

17

Auf wen geht das erste funktionstüchtige Filmaufnahme- und -projektionssystem zurück?

- *Max und Emil Skladanowsky*
- *Auguste und Louis Lumière*
- *Ottomar Anschütz*

18

Wer gilt als ein früher Wegbereiter der telegrafischen Bildübermittlung?

- *Alexander Bain*
- *Arthur Korn*
- *Francisco Salvá*

19

Welche technische Innovation wurde auf der Pariser Weltausstellung von 1855 erstmals in großem Rahmen präsentiert?

- *Telefon*
- *Espressomaschine*
- *Rolltreppe*

20

Wann wurde der erste Motorroller gebaut?

- *1919*
- *1947*
- *1948*

Antwort

17

Die Gebrüder ***Auguste und Louis Lumière*** gelten mit dem 1895 der Öffentlichkeit vorgestellten Kinematografen als Pioniere des Kinos. Als Vorläufer des Kinofilms werden die Chronofotografien des Deutschen ***Ottomar Anschütz*** angesehen. Die ***Gebrüder Skladanowsky*** projizierten mit ihrem Bioscop schon vor den Gebrüdern Lumière in Berlin öffentlich kurze Filmsequenzen, entwickelten ihr Verfahren aber nicht weiter.

18

Der schottische Erfinder ***Alexander Bain*** entwickelte 1843 die Grundlagen der Bildzerlegung in Bildpunkte mit Helligkeitswerten und meldete ein Patent für einen Kopiertelegrafen an, womit die Bildtelegrafie ihren Anfang nahm. ***Francisco Salvá*** baute 1804 den ersten elektrischen Telegrafen, der auf Basis elektrochemischer Zersetzung von Wasser arbeitete. ***Arthur Korn*** gelang es 1906, ein Porträt per Telegrafenleitung über die damals enorme Strecke von 180 km zu versenden.

19

Auf der Pariser Weltausstellung von 1855 wurde erstmals der Prototyp der ***Espressomaschine*** vorgestellt, die der Mailänder Ingenieur Luigi Bezzera entwickelt hatte. Ein Highlight der Weltausstellung von 1876 in Philadelphia war das ***Telefon,*** und auf der Weltausstellung von 1900 in Paris erregten die ersten ***Rolltreppen*** Aufsehen.

20

Der wahrscheinlich erste Motorroller wurde ***1919*** von der Firma Krupp in Essen gebaut. Er war ein Einsitzer und hieß damals noch Motorläufer. Seinen eigentlichen Siegeszug erlebte der Motorroller mit der ***1947*** auf den Markt gebrachten italienischen Lambretta von Innocenti und mit der seit ***1948*** von Piaggio produzierten Vespa.

Frage

1

Wer überquerte als Erster den Atlantik im Nonstopflug?

- *Charles Lindbergh*
- *John Alcock und Arthur Whitten Brown*
- *Amelia Earhart*

2

Der Untergang welchen Schiffes markiert das größte Schiffsunglück aller Zeiten?

- *Le Joola*
- *Titanic*
- *Wilhelm Gustloff*

3

Welches ist die längste Eisenbahnstrecke der Welt?

- *Transsibirische Eisenbahn*
- *Bagdadbahn*
- *Lhasabahn*

4

Wo befindet sich das größte aus Holz gebaute Gebäude der Welt?

- *Norwegen*
- *Spanien*
- *Japan*

Antwort

1

Schon 1919 überquerten ***John Alcock und Arthur Whitten Brown*** den Atlantik in einem Nonstopflug von Neufundland nach Nordwestirland. ***Charles Lindbergh*** wählte 1927 für seinen Überflug die wesentlich längere und publicityträchtigere Route von New York nach Paris. ***Amelia Earhart*** war die erste Frau, die 1932 den Atlantik nonstop im Alleinflug überquerte.

2

Am 30. Januar 1945 wurde die ***Wilhelm Gustloff*** von einem sowjetischen U-Boot versenkt. Dabei starben bis zu 9000 Menschen. Beim Untergang der ***Titanic*** im April 1912 kamen 1502 Menschen ums Leben, und beim Kentern der senegalesischen Fähre ***Le Joola*** im September 2002 fanden wahrscheinlich 1863 Passagiere den Tod.

3

Die ***Transsibirische Eisenbahn*** von Moskau nach Wladiwostok ist mit 9288 km Gesamtlänge die längste Eisenbahnstrecke der Welt. Die ***Bagdadbahn*** ist eine unter deutscher Beteiligung 1903–1940 gebaute Eisenbahnstrecke vom türkischen Konya bis Bagdad. Sie hat eine Länge von 1600 km (3205 km einschließlich der Anatolischen Eisenbahn und Nebenstrecken). Die 2005 fertiggestellte ***Lhasabahn*** gilt als die höchstgelegene Strecke der Welt mit einem Scheitelpunkt von 5072 m.

4

Der buddhistische Todaiji-Tempel in der ***japanischen*** Stadt Nara gilt als das größte Holzbauwerk der Welt. Fast ebenso groß – mit Ausnahme des Sockels, der nicht aus Holz bestand – war der japanische Pavillon auf der Expo 92 im ***spanischen*** Valencia. Die Königsresidenz Stiftsgarden im ***norwegischen*** Trondheim wird als das größte Holzgebäude Nordeuropas angesehen.

Frage

5

Welcher ist der längste Tunnel der Welt?

- *Seikantunnel in Japan*
- *Lærdaltunnel in Norwegen*
- *Eurotunnel unter dem Ärmelkanal*

6

Welches Schienenfahrzeug hält den aktuellen Geschwindigkeitsweltrekord?

- *der spanische Valero*
- *der französische TGV*
- *der japanische JR-Maglev*

7

Wo befindet sich das derzeit höchste Gebäude der Welt?

- *Chicago*
- *Kuala Lumpur*
- *Taipeh*

8

Welche Rekordleistung verbindet sich mit dem Namen Charles Elwood Yeager?

- *Höhenweltrekord für Ballone*
- *Überschallflug*
- *Geschwindigkeitsrekord für Landfahrzeuge*

Antwort

5

Der ***Seikantunnel*** ist mit 53,9 km der längste Eisenbahntunnel der Welt und verbindet die Inseln Hokkaido und Honshu. Der ***Lærdaltunnel*** gilt mit seinen 24,5 km als längster Straßentunnel. Der 50,5 km lange ***Eurotunnel*** hat den längsten untermeerischen Tunnelabschnitt von 37,9 km. Der Gotthardbasistunnel, der 2017 fertiggestellt sein soll, wird eine Länge von 57 km haben.

6

Die japanische Magnetschwebebahn ***JR-Maglev MLX01*** hält mit 581 km/h den Geschwindigkeitsweltrekord. Er wurde im Jahr 2003 aufgestellt. Der Transrapid erreicht 450 km/h. Den Weltrekord für Rad-Schiene-Systeme stellte 2007 der ***TGV*** mit 574,7 km/h auf. Der deutsche ICE fuhr 406,9 km/h. Der spanische ***Valero,*** der ab Ende 2007 zwischen Madrid und Barcelona verkehrt, ist der schnellste Serienzug der Welt und erreichte 404 km/h.

7

Mit einer Höhe von 508 m ist das 2004 eingeweihte Taipeh Financial Center, kurz ***Taipeh 101,*** das höchste Gebäude der Welt. Es folgen die 1998 errichteten Petronas Towers in ***Kuala Lumpur*** (Malaysia) mit 452 m. Der Sears Tower in ***Chicago*** von 1974 hat eine Höhe von 442 m.

8

Am 14. Oktober 1947 durchbrach der amerikanische Testpilot Charles Elwood Yeager mit einer Bell X-1 in etwa 15 000 m Höhe die Schallmauer und machte den ersten ***Überschallflug.*** Den ***Geschwindigkeitsweltrekord für Landfahrzeuge*** von 1227,985 km/h stellte 1997 der Brite Andy Green auf und erreichte damit Überschallgeschwindigkeit. Den ***Höhenweltrekord für bemannte Ballone*** mit 34 668 m halten seit 1961 Malcolm D. Ross und Victor E. Prather.

Frage

9

Wer unternahm als erster Mensch erfolgreich einen bemannten Flugversuch?

- *Orville und Wilbur Wright*
- *Jean-François Pilâtre de Rozier*
- *Ernst Heinkel*

10

Welches ist das größte bisher gebaute Flugzeug?

- *Antonow 225 Mriya*
- *Airbus A 380*
- *Hughes HK 1*

11

Welcher ist nach Passagieraufkommen der größte europäische Flughafen?

- *London-Heathrow*
- *Paris (Charles de Gaulle)*
- *Frankfurt/Main*

12

Welche Katastrophe in der zivilen Luftfahrt verbindet sich mit dem Namen Lakehurst?

- *Überschallflugzeugabsturz*
- *Flugzeugzusammenstoß*
- *Luftschiffkatastrophe*

Antwort

9

Jean-François Pilâtre de Rozier absolvierte 1783 in Paris mit einem Heißluftballon den ersten freien bemannten Flug in der Geschichte der Menschheit. Die Brüder ***Orville und Wilbur Wright*** unternahmen 1903 den ersten kontrolliert gesteuerten Motorflug. Das in den Flugzeugwerken von ***Ernst Heinkel*** gebaute Versuchsflugzeug He 178 startete 1939 als erstes Düsenflugzeug der Welt.

10

Mit einer Flügelspannweite von 97,54 m, einer Länge von 66,75 m und einer Höhe von 24,38 m ist das 1947 gebaute Wasserflugzeug ***Hughes HK 1*** immer noch das größte je gebaute und geflogene Flugzeug. Die ***Antonow 225 Mriya*** hat eine Spannweite von 88,4 m, eine Länge von 84 m und eine Höhe von 18,1 m und kann 100 t mehr laden als der ***Airbus A 380*** mit einer Spannweite von knapp 80 m, einer Länge von 73 m und einer Höhe von 24,1 m.

11

Der Flughafen ***London-Heathrow*** ist nach Passagieraufkommen mit 67,9 Millionen abgefertigten Fluggästen pro Jahr (2005) europaweiter Spitzenreiter. Es folgen ***Paris (Charles de Gaulle)*** mit 53,8 Millionen Passagieren und ***Frankfurt/Main*** mit 52,2 Millionen Passagieren.

12

Am 6. Mai 1937 ging die *Hindenburg*, das damals größte ***Luftschiff*** der Welt, bei der Landung in Lakehurst nahe New York in Flammen auf und stürzte ab. Das Unglück kostete 36 Menschen das Leben. In der Nähe von Paris stürzte im Jahr 2000 ein ***Überschallflugzeug*** vom Typ Concorde unmittelbar nach dem Start ab. Dabei starben 113 Menschen. 1977 ***kollidierten*** über dem Flughafen von Teneriffa ***zwei Flugzeuge***. Dabei kamen 583 Menschen ums Leben.

Frage

13

Welches ist das derzeit größte Wasserkraftwerk der Welt?

- *Assuan*
- *Drei-Schluchten*
- *Itaipú*

14

Wo befindet sich die Hängebrücke mit der größten freien Spannweite?

- *Japan*
- *Thailand*
- *Dänemark*

15

Wo verkehrte der bisher längste Eisenbahnzug der Welt?

- *Südafrika*
- *Australien*
- *Mauretanien*

16

Wo befindet sich die größte massive Kuppel Europas?

- *Italien*
- *Frankreich*
- *Deutschland*

Antwort

13

Das 2006 in Betrieb genommene Wasserkraftwerk mit dem gewaltigen ***Drei-Schluchten-Damm*** in China ist mit einer Nennleistung von 18 200 MW das größte der Welt. Es folgt das zwischen Paraguay und Brasilien gelegene Wasserkraftwerk ***Itaipú*** mit 14 000 MW. Das bei der ägyptischen Stadt Assuan gelegene Wasserkraftwerk am ***Assuan-Damm*** hat lediglich einen Nennleistung von 2100 MW.

14

Die Akashi-Kaikyo-Brücke in ***Japan*** ist mit einer Mittelspannweite von 1990,8 m die Brücke mit der größten freien Spannweite. Der Bang Na Expressway in ***Thailand*** ist eine 55 km lange Hochstraße in Form einer Balkenbrücke und gilt als längste Brücke der Welt. Die Öresundbrücke zwischen ***Dänemark*** und Schweden ist mit einer Länge von 7845 m die längste Schrägseilbrücke.

15

Der längste Zug mit 682 Waggons hatte eine Länge von 7,35 km und transportierte 2001 in ***Westaustralien*** 82 000 t Eisenerz. In ***Südafrika*** fuhr 1989 ein Zug von 7,3 km Länge mit 660 Waggons. Der 2,5 km lange, von einer Mine im Norden ***Mauretaniens*** durch die Sahara verkehrende Güterzug mit über 200 Waggons galt über Jahre als der schwerste und längste Zug der Welt.

16

Die größte Kuppel der Welt befindet sich nahe Wizernes in ***Frankreich.*** Sie hat einen Durchmesser von 71 m und diente während des Zweiten Weltkriegs als Bunker für deutsche V2-Raketen. Die zweitgrößte Kuppel mit einem Durchmesser von 70,4 m hat die 1930 erbaute Großmarkthalle in ***Leipzig.*** Die 125 n. Chr. errichtete Kuppel des Pantheon in ***Rom*** hat einen Durchmesser von 43,3 m und war über Jahrhunderte die größte Kuppel der Welt.

Wollen SIE noch mehr wissen?

Das Wissensquiz

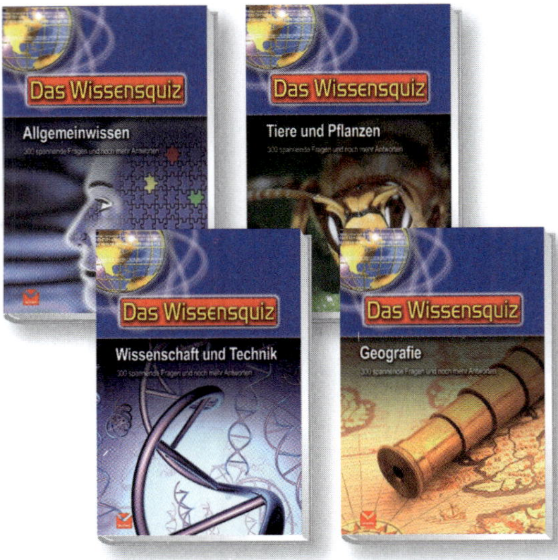

Allgemeinwissen
ISBN 978-3-927801-28-8

Tiere und Pflanzen
ISBN 978-3-927801-29-5

Wissenschaft und Technik
ISBN 978-3-927801-30-1

Geografie
ISBN 978-3-927801-31-8

Jeder Band:
160 Seiten, Broschur
durchgehend 4-farbig
Format 14,5 x 21,5 cm
€ 7,95/sfr 15,-

Unglaublich! Das Quiz

Verblüffende Tatsachen
rund um den Menschen
ISBN 978-3-927801-79-0

Verblüffende Tatsachen
aus der Welt der Tiere
ISBN 978-3-927801-78-3

Jeder Band:
160 Seiten, Broschur
durchgehend 4-farbig
Format 14,5 x 21,5 cm
€ 7,95/sfr 15,-

Der Jahrzehnte-Test

Die 70-er Jahre
ISBN 978-3-927801-39-4

Die 80-er Jahre
ISBN 978-3-927801-40-0

Jeder Band:
160 Seiten, Broschur
durchgehend 4-farbig
Format 15,0 x 17,0 cm
€ 7,95/sfr 15,-

MOEWIG